江苏省文化产业引导资金文化艺术精品项目
江苏省"十三五"重点图书出版规划项目

日喀则城市与建筑

焦自云　汪永平　赵婷　徐海涛　著

City and Architecture in Shigatse

Himalayan Series of Urban and Architectural Culture

行走在喜马拉雅的云水间

序

2015 年正值南京工业大学建筑学院（原南京建筑工程学院建筑系）成立三十周年，我作为学院的创始人，在 10 月举办的办学三十周年庆典和学术报告会上，汇报了自己和团队自 1999 年以来走进西藏、2011 年走进印度，围绕喜马拉雅山脉 17 年以来所做的研究。研究成果的体现，便是这套"喜马拉雅城市与建筑文化遗产丛书"问世。

出版这套丛书（第一辑 15 册）是笔者和学生们多年的宿愿。17 年来我们未曾间断，前后百余人，30 多次进入西藏调研，7 次进入印度，3 次进入尼泊尔，在喜马拉雅山脉相连的青藏高原、克什米尔谷地、拉达克列城、加德满都谷地都留下了考察的足迹。研究的内容和范围涉及城市和村落、文化景观、宗教建筑、传统民居、建筑材料与技术等与文化遗产相关的领域，完成了 50 篇硕士学位论文和 4 篇博士学位论文，填补了国内在喜马拉雅文化遗产保护研究上的空白，并将藏学研究和喜马拉雅学的研究结合起来。研究揭

示了喜马拉雅山脉不仅是我们这一星球上的世界第三极，具有地理坐标和地质学的重要意义，而且在人类的文明发展史和文化史上具有同样重要的价值。

喜马拉雅山脉东西长 2 500 公里，南北纵深 300~400 公里，西北在兴都库什山脉和喀喇昆仑山脉交界，东至南迦巴瓦峰雅鲁藏布大拐弯处。在喜马拉雅山脉的南部，位于南亚次大陆的印度主要由三个地理区域组成：北部喜马拉雅山区的高山区、中部的恒河平原以及南部的德干高原。这三个区域也就成为印度文明的大致分野，早期有许多重要的文明发迹于此。中国学者对此有着准确的描述，唐代著名学者道宣（596—667）在《释迦方志》中指出："雪山以南名为中国，坦然平正，冬夏和调，卉木常荣，流霜不降。"其中"雪山"指的便是喜马拉雅山脉，"中国"指的是"中天竺国"，即印度的母亲河恒河中游地区。

季羡林先生把古代世界文化体系分为中国、印度、希腊和伊斯兰四大文化，喜马拉雅地区汇聚了世界上

四大文化的精华。自古以来，喜马拉雅不仅是多民族的地区，也是多宗教的地区，包括了苯教、印度教、佛教、耆那教、伊斯兰教以及锡克教、拜火教。起源于印度的佛教如今在印度的影响力已经不大，但佛教通过传播对印度周边的国家产生了相当大的影响。在中国直接受到的外来文化的影响中，最明显的莫过于以佛教为媒介的印度文化和希腊化的犍陀罗文化。对于这些文化，如不跨越国界加以宏观、大系统考察，即无从正确认识。所以研究喜马拉雅文化是中国东方文化研究达到一定阶段时必然提出的问题。

从东晋时法显游历印度并著书《佛国记》开始，中国人对印度的研究有着清晰的历史脉络，并且世代传承。唐代玄奘求学印度并著书《大唐西域记》；义净著书《大唐西域求法高僧传》和《南海寄归内法传》；明代郑和下西洋，其随从著书《瀛涯胜览》《星槎胜览》《西洋番国志》，对于当时印度国家与城市都有详细真实的描述。进入20世纪后，中国人继续研究印度。

蔡元培在北京大学任校长期间，曾设"印度哲学课"。胡适任校长后，又增设东方语言文学系，最早设立梵文、巴利文专业（50年代又增加印度斯坦语），由季羡林和金克木执教。除了季羡林和金克木，汤用彤也是印度哲学研究的专家。这些学者对《法显传》《大唐西域记》《大唐西域求法高僧传》和《南海寄归内法传》进行校注出版，加入了近代学者科学考察和研究的新内容，在印度哲学、文学、语言文化、历史、地理等领域多有建树。在中国，研究印度建筑的倡始者是著名建筑学家刘敦桢先生，他曾于1959年初率我国文化代表团访问印度，参观了阿旃陀石窟寺等多处佛教遗址。回国后当年招收印度建筑史研究生一人，并亲自讲授印度建筑史课，这在国内还是独一无二的创举。1963年刘敦桢先生66岁，除了完成《中国古代建筑史》书稿的修改，还指导研究生对印度古代建筑进行研究并系统授课，留下了授课笔记和讲稿，并在《刘敦桢文集》中留下《访问印度日记》一文。可惜 1962 年中印关系恶化，以致影响了向印度派遣留学生的计划，随后不久的"十年动乱"，更使这一研究被搁置起来。由于历史的原因，近代中国印度文化研究的专家、学者难以跨越喜马拉雅障碍进入实地调研，把青藏高原的研究和喜马拉雅的研究结合起来。

意大利著名学者朱塞佩·图齐（1894—1984）是西方对于喜马拉雅地区文化探索的先驱。1925—1930 年，他在印度国际大学和加尔各答大学教授意大利语、汉语和藏语；1928—1948 年，图齐八次赴藏地考察，他的前五次（1928、1930、1931、1933、1935）藏地考察均从喜马拉雅山脉的西部，今天克什米尔的斯利那加（前三次）、西姆拉（1933）、阿尔莫拉（1935）动身，沿着河流和山谷东行，即古代的中印佛教传播和商旅之路。他首次发现了拉达克森格藏布河（上游在中国境内叫狮泉河，下游在印度和巴基斯坦叫印度河）河谷的阿契寺、斯必提河谷（印度喜马偕尔邦）的塔波寺（西藏藏佛教后弘期重要寺庙，

两处寺庙已经列入《世界文化遗产名录》），还考察了托林寺、玛朗寺和科迦寺的建筑与壁画，考察的成果便是《梵天佛地》著作的第一、二、三卷。正是这些著作奠定了图齐研究藏族艺术和藏传佛教史的基础。后三次（1937、1939、1948）的藏地考察是从喜马拉雅中部开始，注意力转向卫藏。1925—1954 年，图齐六次调查尼泊尔，拓展了在大喜马拉雅地区的活动，揭开了已湮没的王国和文化的神秘面纱，其中印度和藏地的邂逅是最重要的主题。1955—1978 年，他在巴基斯坦北部的喜马拉雅山麓，古代称之为乌仗那的斯瓦特地区开展考古发掘，期间组织了在阿富汗和伊朗的考古发掘。他的一生学术成果斐然，成为公认的最杰出的藏学家。

图齐的研究不仅涉及佛教，在印度、中国、日本的宗教哲学研究方面也颇有建树。他先后出版了《中国古代哲学史》和《印度哲学史》，真正做到"跨越喜马拉雅、扬帆印度洋"，将中印文化的研究结合起来。

终其一生，他的研究都未离开喜马拉雅山脉和区域文化。继图齐之后，国际上对于喜马拉雅的关注，不仅仅局限于旅游、登山和摄影爱好者，研究成果也未囿于藏传佛教，这一地区的原始宗教文化艺术，包括印度教、耆那教、伊斯兰教甚至苯教都得到发掘。笔者手头上就有近几年收集的英文版喜马拉雅艺术、城市与村落、建筑与环境、民俗文化等多种书籍，其中有专家、学者更提出了"喜马拉雅学"的概念。

长期以来，沿着青藏高原和喜马拉雅旅行（借用藏民的形象语言"转山"）时，笔者产生了一个大胆的想法，将未来中印文化研究的结合点和突破口选择在喜马拉雅区域，建立"喜马拉雅学"，以拓展藏学、印度学、中亚学的研究范围和内容，用跨文化的视野来诠释历史事件、宗教文化、艺术源流，实现中印间的文化交流和互补。"喜马拉雅学"包含了众多学科和领域，如：喜马拉雅地域特征——世界第三极；喜马拉雅文化特征——多元性和原创性；喜马拉雅生态特征——多样性等等。

笔者认为喜马拉雅西部，历史上"罽宾国"（今天的克什米尔地区）的文化现象值得借鉴和研究。喜马拉雅西部地区，历史上的象雄和后来的"阿里三围"，是一个多元文化融合地区，也是西藏与希腊化的犍陀罗文化、克什米尔文化交流的窗口。罽宾国是魏晋南北朝时期对克什米尔谷地及其附近地区的称谓，在《大唐西域记》中被称为"迦湿弥罗"，位于喜马拉雅山的西部，四面高山险峻，地形如卵状。在阿育王时期佛教传入克什米尔谷地，随着西南方犍陀罗佛教的兴盛，克什米尔地区的佛教渐渐达到繁盛点。公元前1世纪时，罽宾的佛教已极为兴盛，其重要的标志是迦腻色迦（Kanishka）王在这里举行的第四次结集。4世纪初，罽宾与葱岭东部的贸易和文化交流日趋频繁，谷地的佛教中心地位愈加显著，许多罽宾高僧翻越葱岭，穿过流沙，往东土弘扬佛法。与此同时，西域和中土的沙门也前往罽宾求经学法，如龟兹国高僧佛图澄不止一次前往罽宾学习，中土则有法显、智猛、法勇、玄奘、悟空等僧人到罽宾求法。

如今中印关系改善，且两国官方与民间的经济、文化合作与交流都更加频繁，两国形成互惠互利、共同发展的朋友关系，印度对外开放旅游业，中国人去印度考察调研不再有任何政治阻碍。更可喜的是，近年我国愈加重视"丝绸之路"文化重建与跨文化交流，提出建设"新丝绸之路经济带"和"21世纪海上丝绸之路"的战略构想。"一带一路"倡议顺应了时代要求和各国加快发展的愿望，提供了一个包容性巨大的发展平台，把快速发展的中国经济同沿线国家的利益结合起来。而位于"一带一路"中的喜马拉雅地区，必将在新的发展机遇中起到中印之间的文化桥梁和经济纽带作用。

最后以一首小诗作为前言的结束：

我们为什么要去喜马拉雅？

因为山就在那里。
我们为什么要去印度？
因为那里是玄奘去过的地方，
那里有玄奘引以为荣耀的大学
——那烂陀。

行走在喜马拉雅的云水间，
不再是我们的梦想。
边走边看，边看边想；
不识雪山真面目，只缘行在此山中。

经历是人生的一种幸福，
事业成就自己的理想。
慧眼看世界，视野更加宽广。
喜马拉雅，
不再是阻隔中印文化的障碍，
她是一带一路的桥梁。

在本套丛书即将出版之际，首先感谢多年来跟随笔者不辞幸苦进入青藏高原和喜马拉雅区域做调研的本科生和研究生；感谢国家自然科学基金委的立项资助；感谢西藏自治区地方政府的支持，尤其是文物部门与我们的长期业务合作；感谢江苏省文化产业引导资金的立项资助。最后向东南大学出版社戴丽副社长和魏晓平编辑致以个人的谢意和敬意，正是她们长期的不懈坚持和精心编校使得本书能够以一个充满文化气息的新面目和跨文化的新内容出现在读者面前。

主编汪永平

2016 年 4 月 14 日形成于乌兹别克斯坦首都塔什干 Sunrise Caravan Stay 一家小旅馆庭院的树荫下，正值对撒马尔罕古城、沙赫里萨布兹古城、布哈拉、希瓦（中亚四处重要世界文化遗产）考察归来。修改于 2016 年 7 月 13 日南京家中。

Himalayan
Series of
Urban and Architectural
Culture

日喀则城市与建筑
City and Architecture in Shigatse

目　录
CONTENTS

喜马拉雅　城市与建筑文化遗产丛书

喜马拉雅
城市与建筑文化遗产丛书

作为西藏第二大城市的日喀则市地处喜马拉雅山北麓，雅鲁藏布江南岸；位于雅鲁藏布江与年楚河汇流处的冲积平原上，是全国著名的历史文化名城，是后藏地区的政治、经济、文化、交通、信息中心，也是历代班禅大师的驻锡地。

扎什伦布寺是后藏地区宗教领袖班禅大师驻锡地，对日喀则城市形成和发展起着决定性的作用。而日喀则作为后藏地区的中心城市，不仅经济繁荣，文化灿烂，其城市布局模式也非常具有典型性。改革开放后，日喀则的城镇化非常迅速，逐渐侵蚀着原有的城市形态，抢救性的研究保护工作迫在眉睫。对于扎什伦布寺及日喀则城市关系的研究不仅具有学术意义，而且具有现实的指导意义。

在全球化的大趋势下，各种文明都会面临自身的衰退和外部的冲击，藏文化也不例外。这种独特的文明将何去何从，我们无法预知，只能在它消失之前尽可能多地记录它的历史片断和过程。一方面发掘历史、总结现在、探索未来，另一方面也希望通过我们的工作，吸引更多的人来关注藏文化的研究和保护。

西藏宗教建筑的研究不能仅停留在表面形式和样式上，最重要的是从中去发现它的设计理念和建造方法，发掘其自身特点与内地宗教建筑的差别，为今后的维修保护提供参考依据。

第一章　日喀则概况

日喀则的全名称为谿卡桑珠孜，简称为谿卡孜，汉语译音为日喀则，是西藏第二大城市，也是后藏地区政治文化中心，是班禅大师驻锡地，1986 年被国务院列为国家历史文化名城。

第一节 自然地理

日喀则市地处青藏高原南部、喜马拉雅山北麓、雅鲁藏布江与年楚河交汇的冲积平原。日喀则市属于藏南珠穆朗玛峰地区东北部的河谷地带，为喜马拉雅褶皱带的一部分，处于印度板块和欧亚板块相撞击、断裂缝合带的典型地段；东距西藏首府拉萨 277 公里；介于东经 88°3'—89°8'、北纬 29°7'—29°9' 之间；东临仁布县，南接白朗县、拉孜县，西连谢通门县，北依南木林县；南北最大纵距 78 公里，东西最大横距 118.4 公里；总面积 3 875 平方公里，城市建成区面积 18 平方公里，规划面积 24 平方公里，耕地面积 18.2 万亩；总人口 9.78 万人，其中城市人口 3.75 万人；居民中藏族人口占 97%，另有汉、回、满等 13 个少数民族（图 1–1、图 1–2）。

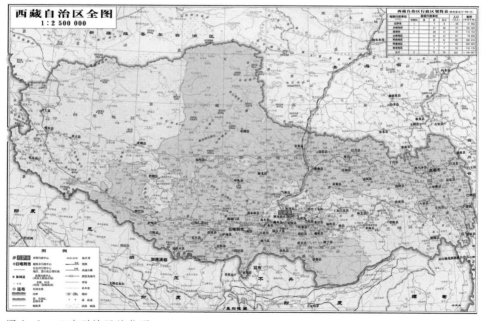

图 1–1 日喀则地区的位置

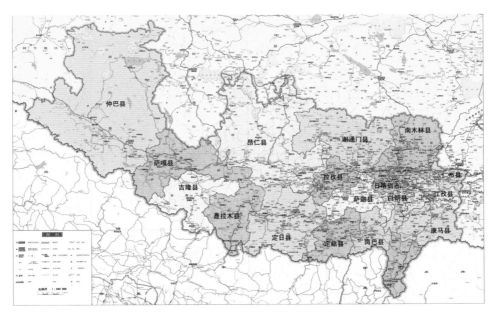

图 1-2 日喀则地区区划图

第二节 人文历史

日喀则市历史悠久，源远流长，早在 600 多年前，这里的人就过着农垦生活，吐蕃王朝后裔晋翟曾统治过这片土地，并在今甲措雄乡聪堆一带建立商市，号称吐蕃十大商市之一。相传 8 世纪时，藏王赤松德赞请印度高僧莲花生进藏建桑耶寺，路经日喀则地方，在此修行讲经，传播佛法。这位高僧从孟加拉进入西藏时曾预言雪域的中心将在拉萨，其次在年麦（日喀则）。此后，虔诚的宗教徒便在尼玛山设宗，从而逐步发展成为后藏的中心。15 世纪中期，宗喀巴弟子一世达赖根敦珠巴在尼玛山下主持兴建了扎什伦布寺，为以后日喀则的城市发展奠定了基础。日喀则有 1447 年修建的扎什伦布寺、14 世纪初修建的旧宗遗址、11 世纪修建的夏鲁寺、1429 年修建的俄尔寺、1548 年修建的安贡寺等各具特色的多教派寺庙16 座。藏式民宅遍布城乡，风格独特多样，内涵丰富多样。日喀则城市被包围在大片的农田之中，是典型的"小城市、大农村"，素有西藏"粮仓"之称。

第三节　人文环境

1. 文学创作

在历史上，日喀则市出现过众多的文学大师，10世纪后两位最有名的诗人都出在日喀则市。一位是米拉日巴，他著有《十万道歌》，是西藏宗教诗的开创人，他的诗歌表现形式和艺术技巧非常高超，对后世作家影响很大。另一位是萨迦班智达·贡嘎坚赞，他著有《萨迦格言》，思想内容丰富且卓有见地，对人很有教育意义，他是西藏格言诗的创始人，形成了与米拉日巴并驾齐驱的另一种创作方式。历史文学方面，有布敦大师的《佛教史大宝藏论》，觉囊多罗那他的《印度佛教史》，索南坚赞的《西藏王统记》；传记文学方面，有桑吉坚赞的《玛尔巴传》《米拉日巴传》《日迥巴传》；翻译文学方面，有《龙喜记》《云使》；寓言文学方面，有《猴鸟之争》；深有影响的说唱文学《格萨尔王传》在日喀则市也流传广泛。这些文学作品，记述了大量的西藏历史、王臣史料、名人轶事、民族风情，文笔自然流畅，语言朴实优美，民族特色浓郁，读起来富有趣味，引人入胜。

2. 艺术创作

（1）壁画：构成日喀则各寺庙、宫殿中的艺术画廊。日喀则的壁画题材非常广泛，除佛和佛教图案外，既有对劳动产生、建筑场面、战争场面、狩猎、歌舞奏乐、民族体育、佛事的真实描绘，也有对天堂、地狱、众神百怪天马行空的纵意想象，既有单幅画，也有连环画般的组画。日喀则壁画艺术构图严谨、丰满，布局疏密有致、层次丰富、活泼多变。绘画以铁线描法为主，色彩鲜艳浓重，历久不褪，并大量应用"描金""干贴""磨金"的勾画图案，使得佛像供品、饰物显得更加光彩夺目。这些壁画既有美的价值，也为西藏社会发展勾勒出形象的轮廓。

（2）民间故事：日喀则市的民间故事可分为口头流传和书面记录整理的故事两类，内容包含神话传说、爱情故事、滑稽故事、格言故事、机智人物故事、动物故事等。这些故事多来自民间，在表现形式上，既有隐晦含蓄的，也有单刀直入的，大都幽默风趣。在讲述故事中通常伴以民歌民谣，又说又唱，曲折生动，感情真挚，极富感染力，这也是藏族民间故事区别于其他民族民间故事的特点之一。日喀则民间故事还成为藏戏、传记、文学、壁画艺术的重要内容来源。

民间故事《格萨尔王传》是世界最长的藏族英雄史诗，以其宏伟的结构、奇特的情节、优美的语言、说唱的形式塑造人间正义、勇敢、力量和理想的化身——以岭国格萨尔为首的英雄群像，热情地歌颂了古代英雄为民除害的鲜明主题。

3. 民间歌舞

日喀则市被称为"歌舞的海洋"，很早就歌舞盛行。有既展舞姿又重情绪表现、豪迈奔放的农牧区"果卓"（锅庄），有长袖翩翩、圆润舒展、秀丽抒情的"谐"（弦子舞），有击鼓飞旋、摇铃腾跃的金铃银鼓舞"热巴"，有羽锤翻飞、鼓声隆隆、气势磅礴的"绰"（后藏大鼓舞），有配合戏曲表演、自成一体、别具风采的"拉姆"（藏戏）舞蹈，还有驱鬼逐邪、显示佛法形象、庄严肃穆的宗教舞蹈"羌姆"（跳神）等等，绚丽多彩，五光十色，广为流传。

日喀则的民间歌舞大体可分为"谐"（歌舞）、"卓"（舞蹈）、"噶尔"（乐舞）、"羌姆"（跳神，即宗教舞）四大类。

果谐：是流传在后藏农村的一种拉手成圆，男女分班一唱一合，连臂踏歌的集体圆圈歌舞，常见于农村的村头、广场、打麦场上。节日里，场地上摆着一缸青稞酒，人们围着酒缸拉圈起舞，男女各站一边，分班歌唱，从左向右沿圈踏步走动。

朗玛谐：是18世纪末吸收了内地音乐文化发展起来的。"朗玛"首先流传在拉萨，慢慢流传到后藏日喀则市。"朗玛"以歌为主，歌舞结合，它的歌和舞分为两大段，即"绛谐"（慢歌）和"觉谐"（快板歌舞）。朗玛的音乐比歌舞更为丰富，运用与流传比舞蹈更广，经常可以在阁屋、林卡等地听到自弹自唱、抒情典雅的歌曲"朗玛谐"。

斯玛卓：是民间腰鼓队。在离日喀则10多公里的地方，有一座名为司马章堆的村庄，村里的男女老少，向来能歌善舞，旧社会他们常常被大领主派去支"舞差"。据说这种舞蹈是从山南桑耶寺传来的，属于古老歌舞的一种。远在唐朝时，为庆祝桑耶寺神殿落成，举行了盛大的庆典，当地人即表演这种腰鼓舞。司马章堆的鼓舞，是富有独特民族风格的艺术，盛誉于全西藏。

谐钦：藏语意为大型的歌舞，人们亦称这种艺术为"谐玛"或"谐甲"。谐钦流传于拉萨、日喀则、阿里、山南等地区，不随意演出，而是在每年藏历年四月预祝丰收时进行表演。演员都是地方政府固定的世袭的"艺差",演出"谐钦"时,一般是男女各 16 名,其中包括一名男女谐本(即领歌舞者)。"谐钦"音乐唱腔丰富,旋律抒情而动听,高亢而洪亮,热情而奔放,具有浓郁的民族风格和地方特色。

果卓:即人们经常说的"锅庄",果卓仍是圆圈歌舞的意思。果卓的舞姿矫健奔放,男性着肥大的统裤,犹如雄鹰的粗毛健壮有力,舞姿多模似禽兽,特别是大鹰的形态动作,如鹰展翅、鹰跳、鹰盘旋等等。女性动作优美开放,重姿态和情绪表现。

4. 藏戏艺术

藏戏是一个很古老的民族剧种,在全国仅有的几类少数民族传统戏中,藏戏的历史也是最久远的,它的起源和萌芽,可以追溯到三四百年前。藏戏是以民间歌舞的形式表现文学内容的综合艺术,人们一般把日喀则市作为藏戏的发祥地,把唐东杰布奉为藏戏始祖。藏戏中保留了大量早期宗教仪式和民间歌舞的内容,具有很高的研究价值。在几百年的表演实践中,藏戏逐步形成了一套比较固定的程式,并保留了一批传统的剧目,如《文成公主》《朗萨雯波》《赤美衮登》《卓娃桑姆》《顿肫页珠》等。

传统藏戏方面,西藏藏戏蓝面具四大流派中三大流派在日喀则地区流传,即:昂仁县日吾其乡流传的迥巴藏戏,已有 600 多年的历史,在西藏地区享有很高的荣誉,2001 年昂仁县日吾其乡被国家授予"藏戏之乡"的美誉,2003 年被国家列为全国十佳民族民间艺术之乡保护工程;仁布县仁布乡江嘎尔曲宗流传的江嘎尔藏戏,相传创建于明代时期,在后藏地区具有很大的影响;南木林县多角乡流传的香巴藏戏,起源于 18 世纪末,七世达赖时期深受广大群众的赞誉。

藏戏的旧派,有穷结的宾顿巴、堆龙德庆的朗则娃、乃东的扎西雪巴等。因旧派戴的是白面具,所以也称为白面具派。旧派的戏剧动作和唱腔都比较简单,影响也较小。藏戏的新派以迥巴、江嘎尔、香巴、觉木隆四大剧团为代表,新派演出开始后有戴蓝面具的演员出场,故称蓝面具派。新派的表演艺术有较大发展,影响也深远,慢慢地将旧派替代了。

第四节　传统节日

藏历索朗罗萨：藏历索朗罗萨是日喀则传统的节日，为日喀则藏历新年。藏历十二月一日，男女老少见面都要互道"扎西德勒"（吉祥如意）、"洛萨尔桑"（新年好）。新年里，孩子们燃放鞭炮，大家喝青酒、酥油茶，互相祝酒，尽情欢乐。城乡演唱藏戏、跳锅庄和弦子舞。节日期间，民间还有角力、投掷、拔河、跑马射箭等一系列比赛活动。传统的藏历索朗罗萨是日喀则人民最隆重的节日。

日喀则藏历索朗罗萨的确定可以说是苯教历法的延续。公元前100多年，西藏的历算法以月亮的圆、缺、朔、望来计算月份，那时的新年初一，相当于现在的藏历十一月一日，到了吐蕃王朝时期则推进到以星辰为主要依据进行计算。但是不同于拉萨、山南等地区的藏历新年，日喀则仍然以现藏历十二月一日为新年，直到今日一直沿袭。

林卡节：也就是逛林卡，"林卡"即有树林的地方或公园，林卡节即在有树林的地方过节。传说，在一个春暖花开的日子里，日喀则城里的男人们一早骑毛驴到远郊的一个修行洞朝见"莲花佛"，妇女则带上食品，在近郊迎接"拜神得福"的亲人归来，然后聚集在"吉采"林卡之中，这就是最早的逛林卡活动。以后，人们每年在藏历五月十五日，藏语称"赞林古桑"之日进行逛林卡。据说，8世纪，吐蕃赞普赤松德赞邀请印度僧人莲花生入藏传播密法，并为其建桑耶寺以作供养。莲花生到达西藏后，曾邀请世界诸神在桑耶寺聚会。此后，西藏民间即以五月十五日诸神聚会日为节，在山顶、河边等处梵烧柏枝等香树枝，以示祭神。这一天藏族群众穿上鲜艳的服装，带上酥油、青稞酒等食品，到贡觉林宫举行各种娱乐活动，尽欢数日。这个祭神的宗教节日，遂演变为民间的"林卡节"。而城里的人们也竞相搭起帐篷，在绿草如茵的德庆颇章宫度过别有风味的林卡节。

七月沐浴节：传统的七月沐浴节对日喀则的人们来说是一个舒畅、清新的节日。当太白金星在湛蓝的天空出现一周，经星光照射的江河、泉水、溪水随之聚变而具有水之八德，即清、甘、凉、柔、轻、无垢、饮之不损腹、喝不伤喉。俗语"天空闪现太白星，有病不必请郎中"，为此，人们相拥倾室而出，尽情地在水中沐浴，洗刷一年的污垢。古城日喀则人民在沐浴节期间则喜欢到位于日喀则城西尼玛山北坡的丹真桑秋泉水洗浴。此泉甘甜清澈，传说喝此泉水或用此泉水洗浴，可以消灾避邪，治愈百病，被当地人奉为"圣水"。人们饮圣水，以水洗头、浇背，并把圣水取回家给家人饮用或备用。

萨嘎达瓦节：藏历四月是"萨嘎达瓦节"，据说此月行善功德无量，因此，不杀生，布施乞丐，转经朝佛，不辞辛苦磕长头。大部分僧侣磕关修行，很少外出，以免踩死小虫。日喀则信徒群众们则转山，转山的信徒经常人山人海，呈现一片热闹祥和的景象。

展佛节：每年藏历五月十四日至十六日，是闻名雪域的日喀则展佛节。每天清晨，扎什伦布寺喇嘛集体诵经，其声如雷震。展佛节上，身披节日袈裟的喇嘛组成鼓乐仪仗队排列两旁，一位喇嘛装扮成"雪狮"走在队伍的最前面，边走边跳。雪狮之后，由二十名青壮喇嘛抬起两架巨幅彩绣佛像，从扎什伦布寺殿堂出发，沿着山路抬至展佛台前。当巨大的彩色佛像即将展开的瞬间，法号齐鸣，鼓乐高奏，喊声雷动，众僧念佛经，一千多斤重的大佛像缓慢挂上展佛台，恰似彩花从天而降。这时成千上万的僧俗、信徒顶礼欢呼，气氛隆重热烈。

珠巴泽西节：藏历六月四日，举行西藏历史上形成的一种"转神山"的活动。这天按藏历计算，是佛教始祖释迦牟尼成道以后，第一次布道、转四谛（佛教的人生观：苦、集、灭、道）法轮、为憍陈如等五比丘剃发收为门徒的日子。藏传佛教的信教群众为纪念这个日子，届时要到各寺庙去朝佛拜僧，转神山，拜神湖。

拉保节："拉保"即天神下凡，每年藏历九月举行。据说此月释迦牟尼和诸神仙下凡，僧俗要打扫卫生、焚香迎接佛祖。日喀则广大信徒也要在自家清扫。

格丹昂曲节：藏历十月二十五日，为纪念宗喀巴圆寂而举行"格丹昂曲"节，有人称此节为燃灯节，夜晚扎什伦布寺扎仓点万盏油灯，俗人也在房屋上点数盏至百盏油灯，景象颇为壮观。

望果节：是藏族人民预祝农业丰收的节日。"望"意为"田地"，"果"意为"转圈"。"望果"从字面上讲就是"转地头"。望果源于古代，带有浓重的苯教色彩，虽然日喀则各乡村的望果繁简不一，但其形式和内涵大同小异。每当夏末初秋，开镰之前即庄稼成熟时，全村男女着上新装和僧侣一道列队转游庄稼地，之后便在荫凉处进餐饮酒，进行赛马、赛牦牛、唱藏戏、跳舞等娱乐项目。整个活动气氛庄重、热烈、祥和。

开春第一耕：藏历元月底或二月初，在日喀则农区普遍举行"朗牙"节（指为牛套轭）。这一天，农夫为自家耕牛装饰起来，将系上新颈套和脆耳的小铃、打扮一新的耕牛牵至地头，选择好的时辰，先祭村神、家神，而后给牛喂上"切玛"，套上双牛枷档，挥动鞭子象征性地破土开耕，企盼这一年有个好年景。仪式结束后，农夫们结伴团坐在田埂上吃喝、休息，当太阳的余辉已尽，农夫们带着丰收希望的憧憬，赶牛回归。

赛马节：是每年藏历正月初三，由官方组织群众参与的节日。主要内容有马术、赛马、射箭、打靶。现在的节日要比过去丰富，是日喀则市主要民间节日之一。传说，在桑珠孜（日喀则）宗山背后的嘎卜杰有一幽深山洞，莲花生曾在此隐居修行，讲经传咒。后来，他的徒弟措结在此成了正果，此举感动了龙王，便在洞旁赐一甘泉，于是人们就把这个地方视为佛的圣地。每年夏天的藏历七月十日，日喀则城里和临近的男人们要骑驴去嘎卜杰朝圣。回来时，他们的妻子儿女便在城外等待迎接，这时，朝圣归来的男人们纷纷打驴快跑。年复一年，在日喀则城郊形成了赛马骑射和嘎卜节（即沐浴节），这些民间习俗一直延续至今。在正月初三赛马节这天，日喀则的人们着盛装，喜气洋洋地从四面八方汇集一起。赛马的少男，骑着打扮漂亮的膘悍骏马，策马扬鞭，风驰电掣，争雄斗胆，展现英姿，令人叫绝。

跳神节：通俗说法叫"跳神"，又称"羌姆"、金刚神舞或"斯姆庆姆"（意为大型表演）。"斯姆庆姆"已有二三百年的历史，据说五世班禅洛桑益西有一天晚上做了一个不同寻常的梦，梦里佛教中的各护法神现出真身，徐徐而来，以不同的神态翩翩起舞，其舞姿和音乐奇妙无比，使他神魂颠倒。洛桑益西醒后梦中情景依然清晰，于是据所梦一事记录下来，作为秘本留给后人。七世班禅丹白尼玛按秘本所述组织僧侣进行编排，形成了扎什伦布寺神舞的雏形。最初，神舞被当做密宗仪式只在扎什伦布寺内举行，严禁俗人观看。但随着其规模越来越大，同时也是为了满足传播教义的需要，丹白尼玛决定每年藏历八月举行"斯姆庆姆"，供四方香客观赏。当时，一对年老的夫妻把日喀则东面的贡觉林卡奉献给扎什伦布寺作为跳神场地。丹白尼玛大喜，赏其回品官衔，并特许在跳神期间，着官服，佩串铃，享有执鞭维持舞场秩序和鞭打四品以下僧俗的特殊权力。从此，每当举行"斯姆庆姆"时，照规由二僧戴面具出场，打诨逗趣进行哑剧表演。以往的节日内容很多，跳羌姆，演藏戏，还有表演杂耍、技艺、歌舞活动等，往往要持续半月之久。1954年贡觉林宫被大水冲毁，斯姆庆姆也搬到德庆格桑颇章宫举行。

"文革"结束后，十世班禅大师亲自主持恢复斯姆庆姆和羌姆表演，很快斯姆庆姆和羌姆成为西藏最引人注目的宗教艺术盛会。

第五节　宗教文化

日喀则市藏族普遍信仰藏传佛教，少数信仰苯教，回族信仰伊斯兰教。人民政府尊重和保护群众的信教自由，并拨专款保护和修缮寺庙，使这里珍贵的文物遗产得以保存和延续。

日喀则市现有佛教寺庙 17 座，其中包括宁玛派、萨迦派、噶举派、格鲁派。

宁玛派："宁玛"藏语意为"古旧"，它的教法渊源可追溯到莲花生大师时期，以传承弘扬旧密为主，称旧派故名宁玛，俗称红教。它是传入西藏的密教吸收苯教的内容形成的最早教派，极重密宗。早期宁玛派的特点是信徒分散，没有寺院，也没有僧人参加组织，更没有形成系统的教义。直到 17 世纪初，封建主索尔波且（1002—1062）父子三代系统地整理出宁玛派经典，创建了乌巴龙寺，该派才有了自己的寺院，有了粗具规模的宗教活动和系统的教义，正式形成教派。

宁玛派的根本密典有以《大圆满菩提心遍作王》为首的十八部怛特罗，现存《藏文大藏经》秘密部三函中。但宁玛派所奉行的通常有八部：一文殊身、二莲花语、三真实意、四甘露功德、五橛事业、六差遣非人、七猛咒咒诅、八世间供赞。一至五部属于出世法，六至八部属于世间法。文殊身是毗卢部，莲花语是弥陀部，真实意是不动部，甘露功德是宝生部，橛事业是不空成就部。世间法在莲花生"降伏"苯鬼神后，分为三部，以保护佛法，所以有人又称它为"西藏法"。其教授传承主要有三种，远者经典传承，近者伏藏传承，甚深净境传承。宁玛派判一代佛法为九乘，从声闻乘到无上喻化嚓，次第修行。宁玛派以"大圆满法"为主要教法，主要通过"修心""悟空"而达到"解脱"，即"身成佛"。宁玛派 13 世纪时曾和元朝有联系，个别僧人受到元朝帝室的封赐，但未形成一个稳定的寺庙集团。17 世纪时，该派受到黄教首领五世达赖的积极支持，获得一定发展。

萨迦派：萨迦派主寺为萨迦寺，建立在后藏萨迦地方。萨迦派因该派主寺建于萨迦而得名，萨迦意为"白土"。萨迦派创始人是西藏昆氏家族的后裔贡却杰布（宝王，1034—1102），他是一位居士，曾向卓弥泽师学习"道果"法，释迦意希当是该教法的奠基人。1073 年，贡却杰布建萨迦寺于后藏萨迦，逐渐形成萨迦派，萨迦寺座主采取家族家传的办法，教派的教主也由贡却杰布家族世代相承，贡却杰布死后，其子贡噶宁布（庆喜藏，1092—1158）继任萨迦寺主，他使该派体系趋于完整，努力逐渐扩大，被后世尊称为"萨钦"（萨迦大师），算作萨迦王祖的第一祖。贡噶宁布的二儿子索南自摩（福顶，1142—1182）继任，当了萨迦寺主，是萨迦二祖。贡噶宁布的三儿子扎巴坚赞（名称幢，1147—1216）继承其兄法任，是萨迦三祖。1253年忽必烈召见萨迦五祖八思巴，并从其受密宗灌顶，1260年忽必烈成为蒙古大汗，封八思巴为国师，赐玉印。1264年八思巴兼掌全国佛教和藏族地区事务的总制院事。1268年八思巴奉忽必烈之命创制蒙古新字，称八思巴蒙文，后被加封为帝师、大宝法王，从萨迦万户地位，在西藏其他十二万户之上。元末，萨迦派下降后终被噶举派取代，仅保存萨迦地方的正教权力。该派人物众多，最有名的住持显教者则有雅、绒二人，即雅楚·桑吉贝和绒敦·玛微僧格，也有人说住持显教的是雅、宣二师者，"宣"是宣努罗追，通称为仁达歹（1349—1412）。宣努罗追学识丰富，弘扬中观学说，宗喀巴及其弟子贾曹杰·达玛仁钦、克珠杰·格勒巴桑，都曾跟他学习过。格鲁派于显教中以中观应成派为最殊胜，即继承传统。密教方面有俄、总二师，"俄"是俄巴庆喜贤，"总"是总巴庆喜胜，二人被称为"二庆喜"。萨迦诸师对佛学的见解极不一致，萨班和绒敦等是中观自续派见解，宣努罗追是中观应成派见解。萨迦派最著名的教法是"道果法"，即所谓"首应破非福，次则破我势，后除一切见，知此则为智"。该派的继承，采取娶妻生子的办法。该派全盛时期在蒙古、汉地、西康、安多及卫藏各地都有寺院，后来在外地的寺院相继衰落，只有四川的德格贡钦保存下来该寺的印经院即闻名的"德格印经院"。

噶举派：噶举派是藏传佛教重要教派之一，是口头传承教敕的宗派。该派注重密法修习，其密法修习全靠师徒口耳相传，要求耳听心会，所以又被称为口传派，也有人把噶举派译成"自传教"。另外，因为其祖师玛尔巴、米拉日巴、林热巴等在修法时著白色衣裙，故也称"白教"。噶举派是11世纪形成的宗派，它的支系数繁多，从一开始就分为玛尔巴传承与琼波传承二系，也就是玛尔巴传承的达波噶举和琼波南觉传的香巴噶举系统。在后藏的香地方（今南木林县）建立了以雄雄寺为首的108座寺庙之后，此地的教派即被称做香巴噶举，其僧众约有8万余人，在此地宏法30余年，颇有势力，琼波南觉是一位很有法术的瑜伽大师，他的名字意为琼波族的瑜伽行者。继其之后，他的弟子继承其法座，建成甲寺和桑定寺，形成香巴噶举两大支派，即甲桑二派。桑定寺的主持是多吉帕姆，她是西藏唯一的女活佛。香巴噶举之法曾盛行于甲、桑一带，以后该派就在西藏佛教史上湮没无闻了。达波噶举渊源于玛尔巴师徒，但是以实际开创者达波拉杰的名字命名。达波拉杰的功绩在于，他为达波噶举日后的繁衍创造了有利条件，在他以后，其四大弟子以达波拉岗寺为主要基地，在前后建寺，收徒传法，从而形成了四大支系，其中帕竹一系中又衍生出八个小支系，总称为"四大八小"。

格鲁派：15世纪初格鲁派形成，它是西藏佛教中最后出现的，也是最大的一个教派。其势力迅速扩大，很快凌驾于其他教派之上，长期居于统治地位，对西藏的社会历史有着极为重要的影响。13世纪初，藏族社会已普遍确立了封建制度，社会经济得到发展。此后，元朝统一了西藏，分封十三万户，扶植萨迦政权，建立了帕竹政权。帕竹政权采取了一系列措施，发展封建经济。到14世纪后期，西藏佛教呈现出僧人腐化、戒律废弛、修习混乱的"颓废萎靡之相"，逐渐走向衰落。在此情况下，统治阶级和人民群众都需要遵守戒律、安分守己的佛教僧人传授"纯正"的佛教。这就是宗喀巴进行宗教改革和创立格鲁派的社会原因和历史背景。

1400—1409年十年间是宗喀巴推行"宗教改革"的时期，他的改革措施主要有以下几点：提倡僧人严守戒律，建立理论基础，举办法会，建立寺院。宗喀巴在拉萨东北建立甘丹寺，该寺是在帕竹属下贵族仁钦贝父子的资助下建成的。此后宗喀巴的弟子们常住该寺，人们称他们为甘丹寺派，将他们的教义称做"甘丹必鲁"，简称为"甘鲁派"，后来演变为格鲁派，意为"善规派"或"善律派"。因宗喀巴师承出自噶当派，他的教派创立后，噶当派的寺院和僧人均并入其中，所以人们又称其为新噶当派。甘丹寺的建立标志着格鲁派正式形成。该派僧人严持戒律，戴黄色僧帽，因此又被称为"黄教"或"黄帽教"。

黄教势力的发展还依靠了宗喀巴的几位重要门徒：

贾曹杰·达玛仁钦（1364—1432），他继承了甘丹寺主的法拉（甘丹赤巴）和黄教教主之位，大力宣传黄教教义，尤其注重维护戒律，有著作多种，1430年他把法拉传给克珠杰·格勒巴桑。

克珠杰·格勒巴桑（1385—1438），1407年拜宗喀巴为师，曾到江孜乃宁寺传播黄教，建立班禅活佛系统，因此被追认为一世班禅，有阐明黄教教义的著作多种。

降央曲吉（1379—1449），本名扎西班丹·降央曲吉，阿音法尊是对其的尊称。1416 年，他在内邬宗宗本南喀桑布资助下在拉萨西郊建立了著名的哲蚌寺，是黄教三大寺之一。

绛青曲吉（1352—1435），本名释迦曲吉，是明朝册封的大慈法王的意译，1412—1414 年曾作为宗喀巴的代表，进京朝见明帝，被封为"西天佛子大国师）。返藏后，于 1418 年在拉萨北郊建立色拉寺，色拉寺与甘丹寺、哲蚌寺共称为拉萨黄教三大寺。1484 年，再次进京，明宣帝封其为"大慈法王"。内地和蒙古地方的黄教最先是由他传播的。

根敦珠巴（1391—1474），1447 年在帕竹政权桑珠孜（日喀则）宗本琼结巴·班觉桑布支持下建立了扎什伦布寺，并任寺主，建立达赖活佛转世系统时，他被追认为第一世达赖。

堆·喜饶桑布，在阿里芒域（今吉隆县）建达摩寺，是黄教在阿里地区主要传播人，从 15 世纪后半期黄教在阿里得到广泛传播。

麦·喜饶桑布，康区人，于 1437 年建强巴林寺，传播黄教。他死后，由宗喀巴另一门徒沃贝多吉的弟子帕巴拉继承法位，形成帕巴拉活佛转世系统，一直延续至今。

喜饶僧格，后藏人，以发展黄教密宗寺院而著名，是拉萨下密院（举麦扎仓）的建立人，后来他的弟子贡噶顿珠又建成上密院（举堆扎仓），两密院是黄教修习密宗的最高学府。

从宗喀巴主要门徒的活动中可见，黄教的发展是非常迅速的，仅几十年时间就遍布全藏，说明黄教本身能量巨大，足见当时有滋养它发展的社会条件和良好的环境，这也说明它适应了当时社会的需要和人们的意愿。随着黄教政治经济实力的发展，16 世纪中叶，形成黄教寺院集团，并开始采用活佛转世制度。

夏鲁派： 该派创始人为布敦·仁钦朱（1290—1364），通称布敦，元朝时译为卜思端），因他任过夏鲁寺的寺主，故称为夏鲁派。布敦是西藏宗教史上的著名人物，对西藏佛教有广泛、深入的研究，著作约有二百余种，对显、密二宗的经典著作作了大量的整理、鉴别和注释工作。他又是《大藏经·丹珠尔部》的编纂者。1322 年，他著写了一部西藏佛教史，即《善逝教法史》，别称《布敦佛教史》，这是研究印度佛教和西藏佛教的重要史籍。

藏传佛教各教派为争夺政权而互相残杀时，日喀则的大清真寺却安然无恙。事实上，建于1343年的清真寺在日喀则的存在历史比扎什伦布寺还早近百年。来自克什米尔地区的移民可能是建设日喀则城市的先民中重要的一支。和西藏许多城市一样，日喀则城市人口中有相当数量的回族移民。按他们的说法可以分为两类：藏回民和汉回民。藏回民是指在日喀则聚落形成之初就迁徙至此，他们大多来自克什米尔地区，随着时间推移，他们在语言、生活习惯、服饰等方面完全被当地藏族同化，但唯一保存的是他们的伊斯兰宗教信仰。而汉回民则是指近代由内地迁来的回民，他们还保存着自己民族原有的生活方式，没有被同化。

坐落在宗山南面的关帝庙，又称"格萨尔拉康"。康熙六十年清朝派大军进藏，平定准噶尔骚乱后，开始在西藏留驻清军官兵。日喀则关帝庙就是那时驻扎在此地的清军集资建造的。这种来自汉地的宗教崇拜同样被同化，藏、汉两种个性鲜明的文化逐渐融合，藏式建筑风格的庙堂中供奉着汉地的神，这也许是藏汉文化融合的最真实的表现。

尽管穆斯林和汉族以强势的姿态屹立在民族之林，但在西藏他们却始终被视为少数民族，他们的文化也处于社会主流意识的边缘。在这里藏传佛教才是社会生活的中心和动力。后藏地区曾出现过许多宗教胜迹，如苯教的热拉雍仲寺（南木林）、布敦派的夏鲁寺（甲错雄乡夏鲁村）、萨迦派的萨迦寺（萨迦县）、各派合一的白居寺（江孜县）等。这些大型寺庙都是在各派宗教势力的带动下发展起来的，其所在地也都曾是后藏地区的中心城镇，它们在此地区聚落形成过程中产生着巨大的影响。就是在这种模式的影响下，日喀则从原始农耕部落逐渐走上城市发展的道路，成为后藏真正的中心城市。显然扎什伦布寺是日喀则城市变迁的主导因素，是这座城市赖以存在和发展的基础，是这座城市的精神内核。

在中国没有一个地方像西藏一样，宗教居于一切之上，生活当中到处都充满了浓重的宗教气息，所有文化浸染在神学的氛围当中。藏传佛教的建筑艺术由于其自身特有的地域性、宗教性和文化性而显示出了独具特色的艺术魅力和神秘。自从佛教传入西藏以后，西藏地区的佛教建筑就一直是在多种不同的文化的影响和支配中发生、发展的。以藏族的土著文化为主，接受印度文化（涵盖了尼泊尔、克什米尔），以及中原内地汉族文化，从而使西藏城市呈现出了以藏传佛教为中心多民族融合的城市文化特色。

第六节　历史建筑

日喀则市历史建筑主要有 19 座，均为文物保护单位，其中国家级 3 处、自治区级 4 处、市级 12 处。国家级文物保护单位有：扎什伦布寺、德庆格桑颇章(夏宫)、夏鲁寺；自治区级文物保护单位有：纳塘寺、恩贡寺、帕索寺、清真寺；市级文物保护单位：俄尔寺、桑珠曲顶寺、塔巴列谢曲林寺、塔杰珠德寺、央曲寺、江络寺、桑旦日追寺、色多坚寺、彭波日乌齐寺、恰扎寺、巴金寺、哈吾寺、清真寺等（表 1–1 ）。

表 1.1　日喀则市主要文物保护单位基本情况一览表

所在地名称	被保护单位名称	教派	创建人	创建时间	修缮时间	总面积（平方米）	级别	备注
日喀则市	扎什伦布寺	格鲁派	根敦珠巴	1447	1980		国家级	国内外游客主要进入点
甲措雄乡夏鲁村	夏鲁寺	布敦派	吉尊·西绕迥乃	1027	1980	1 034	国家级	本地朝佛者较多
江当乡洛旺村	恩贡寺	格鲁派	第三世班禅洛桑顿珠	1505	1984	1 208	自治区级	游客多为本地朝佛者
曲美乡白村	俄尔寺	萨迦派	俄尔钦·贡嘎多吉	1429	1984	6 226	市级	游客多为本地朝佛者
年木乡普夏村	哈吾寺	宁玛派	拉隆白多吉	863	1984	9 130	市级	游客多为本地朝佛者
年木乡普夏村	江络寺	宁玛派	尊珠杰格	1033	1988	1 785	市级	游客多为本地朝佛者
曲美乡纳塘村	纳塘寺	格鲁派	东顿洛追扎巴	1153	1987	4 111	自治区级	游客多为本地朝佛者
甲措雄乡联阿村	桑珠曲顶寺	噶举派	曲扎仁钦旺	1345	1986	1 746	市级	游客多为本地朝佛者
曲布雄乡加堆村	塔杰珠德寺	格鲁派	洛桑曲培	1683	1986	2 869	市级	游客多为本地朝佛者
东嘎乡色顶村	央曲寺	宁玛派	德钦辛布林巴	1560	1987	1 285	市级	游客多为本地朝佛者
江当乡弄日村	桑旦日追寺	格鲁派	旺究觉桑巴	1927	1988	253	市级	游客多为本地朝佛者
江当乡帕热村	彭波日吾齐寺	宁玛派	群尊仓央嘉措	1651	1988	734	市级	游客多为本地朝佛者
联乡其丁村	帕索寺	格鲁派	帕索却吉嘉措	1300	1986	4 126	自治区级	游客多为本地朝佛者
甲措雄乡塔巴村	塔巴列谢曲林寺	格鲁派	杰洛曲桑	1204	1990	1 131	市级	游客多为本地朝佛者

所在地名称	被保护单位名称	教派	创建人	创建时间	修缮时间	总面积（平方米）	级别	备注
边雄乡甲瓦村	色多坚寺	萨迦派	萨班释迦曲旦	1645	1986	725	市级	游客多为本地朝佛者
日喀则市	清真寺	伊斯兰教		1395	1989		市级	游客多为本地朝佛者
东嘎乡	巴金寺	宁玛派		837	1986		市级	游客多为本地朝佛者
东嘎乡	恰扎寺	格鲁派	森钦格热布	1770	1988		市级	游客多为本地朝佛者
日喀则市	德庆格桑颇章	格鲁派	国家拨款	1954			国家级	游客主要进入点

根据现存资料及现场勘察分析，下文整理出日喀则的历史遗迹，其中的四大历史遗迹分别为日喀则旧宗山遗址、普姆曲宗神山遗址、夏鲁古墓、亚布谿。

（1）日喀则旧宗山遗址

位于日喀则城北日光山上，是旧宗政府的宫殿，奠基于1360年，1363年落成，是帕竹王朝时期大司徒绛曲坚赞创建的西藏地方13个宗之一。整个建筑高120多米，主楼4层，酷似拉萨的布达拉宫，故有"小布达拉宫"之称。

（2）普姆曲宗神山遗址

普姆曲宗神山位于日喀则市聂日雄乡强布林村境内，距市区40多公里。相传此处为藏传佛教前宏期莲花生大师的修行地之一，自成为藏地佛教圣地至今已有一千二百多年的时间。神山上下奇观遍布、怪石嶙峋，有各种动物化石群像、佛像、宗教供奉器状的化石遗迹，浑然天成。同时，还有莲花生大师的足印及其他物事。神山之诸山峰雄奇伟丽、风景秀美，并赋有各种神话传说，充分凸显出西藏山文化的特色和魅力，是旅游者观光、探险、科考的理想去处，具有非常可观的开发和保护价值。

（3）夏鲁古墓

位于日喀则市夏鲁寺日浦约3公里，是萨迦王朝以前的墓地。整个墓地面积约400平方米，是日喀则市历史上早期的陵墓之一。目前，未实施过挖掘和开发，由夏鲁寺看护。

（4）亚布谿

位于日喀则市区内，地委统战部机关大院内，是过去十世班禅父母居住的谿卡（即庄园），整个建筑分前院和后院建筑两部分，大门已关闭。前院为内院回廊式建筑，土木结构，分上下两层，房屋多间，室内外彩绘华丽，

建筑气势庄严雄伟，充分体现出后藏庄园建筑的特色。目前未实施旅游开发项目，居住者多为一些市民，整体未受大的损坏，保留较为完整，后墙女儿墙脚线受雨水剥蚀较为严重。

（5）日喀则关帝庙碑

日喀则关帝庙坐落在日喀则县城西南隅的山下，建于清初，即碑文所说："自入版图以后，即其地建帝君庙"。这里所谓自版图以后，不是通常所说西藏地方正式归入祖国版图的元朝，而是指清初太宗崇德七年（明崇祯十五年，1642）四世班禅罗桑曲吉坚赞、五世达赖阿旺罗桑嘉措和固始汗派遣使者前往东北盛京（今辽宁沈阳）下书归顺大清王朝。之后，满清进关，定都北京。清顺治八年（1652）五世达赖入京觐见清朝皇帝，清世祖正式册封阿旺罗桑嘉措为"西天大善自在佛所领天下释教普通瓦赤拉呾喇达赖喇嘛"，进一步确立了西藏地方同清王朝的关系。清康熙六十年（1721）清朝派大军进藏，平定准噶尔的骚扰以后，根据抚远大将军允禵"西藏虽已平定，驻防尤属紧要"的建议，开始在西藏留驻清兵。日喀则关帝庙，大概就是驻后藏清兵集资修建的。

清乾隆五十六年（1791）廓尔喀侵入后藏，抢掠扎什伦布寺的财物。守军都司徐南鹏率领清兵 78 名，英勇抵抗，苦战八昼夜，终于守住了驻军官寨，打败了廓尔喀侵略军。第二年，廓尔喀再次侵入，清朝派遣大军福康安率领大军赴藏进剿，迅速平定了廓尔喀。将士以为是关圣大帝显灵保佑他们打了胜仗于是重新修缮了这座关帝庙，驻藏大臣和琳为其撰文，立碑殿前。

现在关帝庙已毁无存，在原庙址上修建了日喀则县中学，但关帝碑却保存完好，文字清晰，现已移往扎什伦布寺内，立在前院左侧。

（6）德庆格桑颇章

德庆格桑颇章，位于日喀则城区西南角，又名新宫，北距扎什伦布寺约 500 米。整个建筑由旧宫和新宫两部分组成。旧宫由七世班禅丹白尼玛于清道光二十四年（1844）修建，内有佛堂、金殿、护法神殿等建筑，"文化大革命"期间被毁。新宫为 1954 年兴建，是班禅大师安寝的夏宫。第一道大门前檐有 4 根八角朱漆大柱抵顶，门殿浮雕着凶悍的野兽，有腾跃欲飞的蟠龙，还有各种花卉图案。门壁两侧彩绘着卷云、猛虎、长龙、人物、繁花、蔓草以及佛教故事壁画，笔法细腻，

形神毕肖。入二门是新宫的前四合院，迎面是富丽堂皇、庄严肃穆的新宫，宫旁侧是绿茵遍布、景色宜人的园林。宫内有班禅在师的寝室、会客厅，还有经堂、佛堂、护法神殿等。新宫的东南侧是新宫的林卡，这是日喀则市的四大林卡之一。每逢节假日，市区群众在林卡中或搭起帐篷或林下席地而坐，新朋相聚，饭茶野餐，弹琴歌舞，进行各种有趣的娱乐活动。

（7）日喀则红庙碑

红庙，藏语称"拉康玛波"，原在日喀则县旧城，即现在日喀则镇所在地。红庙已毁，其碑藏于扎什伦布寺院内。碑高120厘米，宽60厘米。四周刻万字花边，无碑帽，额半圆，上刻"皇图巩固"四个大字。碑文直书，字迹清晰，

从碑文看，红庙是由清朝派到西藏驻江孜、定日两处的官兵，在首领顾照的主事下，自愿捐资近百两，在日喀则城内修建的一座庙宇，并立碑记其事。他们修庙的目的，主要是因为当时后藏地区发生水旱灾害，庄稼欠收，即碑文中所说的"水旱不均，岁收欠念"，因而企图通过修庙塑像，求得神灵的保佑。然而由于时代的局限和他们本身财力的限制，只能按照家乡的风俗，把希望寄托于神灵的护佑，希图通过"新建庙宇"，配塑神像，朝夕供奉，帮助当地人民解除旱涝之苦。另一方面，汉族官兵千里迢迢来到西藏戍守边疆，任务十分艰巨，他们要完成这一光荣使命，必须得到当地人民的支持。守卫边防，保卫祖国的共同使命把驻军和百姓的感情凝聚在一起。

（8）东风林卡

东风林卡位于日喀则市区东北部，北依雅鲁藏布江，东临年楚河，处于雅江与年楚河的交汇点。东风林卡由七世班禅丹白尼玛于清朝道光五年（1825）始建，原名德吉经堂，后因清朝道光皇帝御赐用藏、汉、蒙、满四种文字写的"贡觉林宫"金字匾额，遂改名为"贡觉林宫"。东风林卡在建德庆格桑颇章宫前，是班禅的夏宫，宫内树成林，并有虎豹等众多野兽，每年藏历八月在此举行盛大的跳神活动。贡觉林宫在1954年年楚河水灾中被毁。近年经过整饰装修，改称"东风林卡"，辟为日喀则人民公园。园内幽径曲环，四面贯通，安放有石桌、石凳，开凿人工河。石河环绕半个园林，河水碧波荡漾，可悠然泛舟，河廊上筑有亭台、拱桥，周围树木参天，环境闲雅。国外雅鲁藏布江东流前去，年楚河滔滔北上，每年藏历六月一日开始约一周时间，市内群众都要在这里举盛大的游园活动，称之为"林卡节"。

（9）丹真桑秋

丹真桑秋位于日喀则城西尼玛山北坡，泉水甘甜清澈，传说喝此泉水或用此泉水洗浴，可心消灾避邪，治愈百病，被当地人奉为"圣水"。有歌唱道："天空闪现太白星，有病不必请郎中"。每年的藏历七月中旬，当太白星出现的时候，周围的人们提着青稞酒、酥油茶和食物，纷纷来到"丹真桑秋"烧香敬供"尼斯法主"，饮用圣水，以水洗头浇背，并把圣水取回家带给家人饮用或备用。

（10）日喀则展佛台

日喀则城的展佛台始建于1468年，距今已有500多年的历史。这座完全用块石砌成的巨大的石壁建筑物，是日喀则市的一个特殊标志，也是扎什伦布寺的一个鲜明特征。展佛台矗立在日喀则市的尼玛山腰，扎什伦布寺大经堂金顶的右上方，显得宏伟、高大，格外醒目。展佛台是由一世达赖根敦珠巴为纪念释迦牟尼诞生成佛、涅槃而修建的。后来经过四世班禅罗桑曲吉坚赞主持，进行了大规模的扩建，台底长42.5米，高32米，宽3.5米，共用块石料约5 000立方米。

（11）彭波日乌齐山

日喀则市江当乡境内中尼公路边的大平坝上，一座形似鲲鹏展翅的雄伟山峰拔地而起，犹如海面上隆起的一座孤岛，主体山峰高约300余米，呈圆塔形，南北两侧各有一条百米长的山梁，连着主体山峰由高渐低，由宽渐细，两端在平坝上消失，酷似鲲鹏在万里长空奋力腾飞的巨大双翼。山峰坐西朝东，仿佛鹏鸟由西向东展翅疾飞，勇往直前——这就是著名的西藏四大名山之一的圣山彭波日乌齐。

彭波，藏语意为堆积物，日乌齐就是大山。彭波日乌齐是佛教名山，群众中流传着许多关于它的传说，都十分有趣。关于它的来历，就有一个奇妙的传说。从前，从古印度多吉颠城东南一处被称为"清凉寒林"的尸林（即天葬场）飞来一只大鹰，飞越喜马拉雅山，当朝东北方向飞至江当这块漫无边际、滴水未见、干得像铁板一样的大平坝上空时，老鹰又累又渴，实在飞不动，便坠落在这块大坝中央，也不知过了多少个统遇（六十花甲子），那只鹰竟变成了现在这座奇特的神山。山顶上有一座僧人寺，西北坡半山腰处有一尼姑庙，山上还有许多大小山洞和大岩石的天葬台，相传此山上有108个修行洞、108个圣泉水、108个天葬台。还传说莲花生祖师圆寂后曾在此山天葬，当地许多人现在还能指出天葬莲花生的那块石台。

第二章　日喀则城市

第一节　城市历史沿革

7世纪初，雅隆部落的松赞干布在西藏高原实现了统一，正式建立了吐蕃王朝。吐蕃王朝按照地理自然分布状况，把所辖中部地域划分为"卫、藏"两大部分，其中"藏"区分为"耶茹"（今年楚河一带）和"茹拉"（今雅鲁藏布上游沿岸），东以岗巴拉山为界，西至冈底斯山（现阿里一部分）。因"藏"区地处雅鲁藏布江上游，于是才有了"后藏"之说。随着历史的发展，当时界定的"后藏"区域有所变化。但是，对于现在的日喀则地区来讲，仍处于这个范围的中心地带。因此，人们亦习惯于把日喀则地区称为"后藏"。

日喀则原称"年曲麦"或"年麦"（即年楚河下游的意思），这里虽很早就有人居住，但仍是荒凉之所。8世纪，吐蕃王朝的藏王赤松德赞请印度高僧莲花生进藏建桑耶寺，路经日喀则地方，在此修行讲经。11世纪，萨迦王朝时，年麦已具"城镇"的雏形。

14世纪初，大司徒绛曲坚赞战胜萨迦王朝，建立了帕竹王朝，并得到元、明皇室的庇护，设了十三个大宗谿，最后一个宗便叫做桑珠孜（意为如愿以偿，选址在今日喀则），取名为谿卡桑珠孜。在宗山建造了宗政府，日喀则始有建置。

1447年（明正统十二年），一世达赖喇嘛根敦珠巴（格鲁派祖师宗喀巴的徒弟）在一大贵族的资助下，开始主持兴建扎什伦布寺。扎什伦布寺的建设对日喀则市的发展奠定了基础，城市随即以扎什伦布寺为中心逐渐扩展开来。

1618年，藏巴汗噶玛彭措朗杰以后藏为据点，推翻了支持格鲁派的帕木竹巴政权，建立了第悉藏巴汗地方政权，首府设在桑珠孜日喀则。藏巴汗统治时期，对宗山进行了扩建，使宗山成为当时西藏境内最雄伟的建筑之一，日喀则市一度成为西藏的政治、经济、文化中心。

1641年，固始汗率兵攻入日喀则，统治西藏地方约24年的藏巴汗政权宣告结束。1642年，固始汗统治了全西藏，登上汗王宝座，便迎请五世达赖喇嘛到日喀则，将西藏13万户奉献给五世达赖喇嘛，将桑珠孜建筑的宫殿全部拆除（木料运回拉萨，以扩建大昭寺和修建布达拉宫）。藏地区行政事务托付给达赖喇嘛的第巴管理，并于1642年建立了由格鲁派管理的西藏地方政权，史称甘丹颇章政权[1]。达赖喇嘛居于前藏，固始汗本人率兵驻后藏日喀则（后移驻拉萨）。由于四世班禅罗桑曲吉的杰出贡献，1645 年，固始汗赐给罗桑曲吉"班禅博克多"的尊号。固始汗把后藏十个谿卡，全部献给扎什伦布寺，以作僧众的供养。从此扎什伦布寺成为历代班禅的驻锡地，日喀则市也就成为后藏的政治、经济和文化的中心。

　　1910 年至 1949 年，西藏政局出现错综复杂的局面，这一时期，日喀则城市基本上没有发展。1951 年 5 月 23 日中央人民政府与西藏地方政府签订了《中央人民政府和西藏地方政府关于和平解放西藏办法的协议》。1951 年 11 月 15 日中国人民解放军进驻日喀则，1959 年开始民主改革至 1986 年日喀则县改市，日喀则进入了现代化的城市发展进程中。

第二节　城市选址

　　一世哲布尊丹巴[2]曾这样赞美日喀则："大地美若八瓣瑞莲，东边是莲花生大师曾以甘露流勾兑出的年楚河，河水胜似伸展开来的白绸幔；南边拜恩和冬则地方的草坪好似珠玉曼遮，美不胜览，正中南堆山庄严雄伟；西边的尼玛邦波日山为帝释的坐骑六牙大象横卧，低头面对日喀则宫，仿佛借以夸耀头顶的肉髻；北边的雅鲁藏布江形同奔腾的苍龙，波涛澎湃声恰似苍龙高亢的吉祥颂。"这些诗句是日喀则周边环境的真实写照。

　　日喀则古城位于年楚河的下游，最初位于宗堡之下，古城枕山面水，山水之间为一平坦河谷地带。藏族先民逐水游牧到此，建立农耕部落。这里依山可为防御之用，近水无用水之忧。河谷地土质肥沃，适于耕种，可为城市提供粮蔬。可见日喀则古城是符合农耕时代良好城址条件的，遵循了因地制宜，体现出"山""水""城"和谐相处的自然形态。由于青藏高原相对恶劣的自然气候与环境，使得城市的选址余地非常有限，能够作为聚集地并且形成城市的地区寥寥无几，日喀则是其中之一（图 2-1）。

　　年楚河流域在 11 世纪已经是一个人口相对集中、生产力水平较高的地区，

1　1642 年，以达赖喇嘛为首的格鲁派上层集团掌握政教大权的西藏地方政府正式在拉萨建立。由于自二世达赖根敦嘉措以来的历辈达赖喇嘛均驻锡于哲蚌寺甘丹颇章宫，因此，这一政权就被称为甘丹颇章政权。

2　哲布尊丹巴呼图克图（藏语：Rje Btsun Dam Pa），是外蒙古藏传佛教最大的格鲁派活佛世系，于 17 世纪初形成，与达赖喇嘛、班禅额尔德尼、章嘉呼图克图并称为格鲁派四大活佛。罗桑丹贝坚赞为第一世哲布尊丹巴。

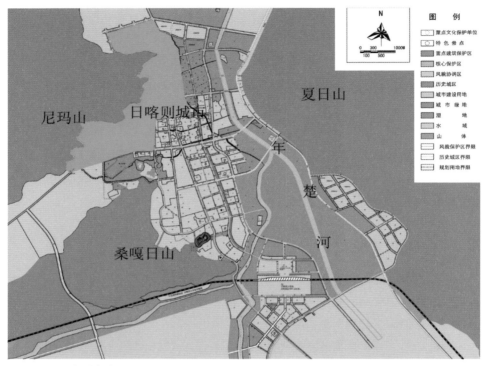

图 2-1　日喀则城选址

年楚河下游有着丰沛的水源和肥美的牧场，有利于农业及畜牧业的发展，也可以
提供更为充足的军马；日喀则处于群山环抱的平川之中，周边群山突兀，地形险要，
利于军事防御。13 世纪以后，日喀则成为联系前藏和后藏地区的枢纽城市，也是
尼泊尔、印度地区与藏区交流的必经中转站，作为后藏中心城市起着不容忽视的
作用（图 2-2）。

图 2-2　日喀则周边环境

第三节　清代及之前日喀则的城市中心变迁

"不同统治者的不同态度对城镇的发展发生着巨大的作用。在聚落中强调集团的标志，才能提高集团的求心力，巩固共同体内部的团结。"[1]从吐蕃时期的政治依托军事的统治模式，发展至分裂时期、萨迦时期、帕竹时期的宗教辅助政治的统治模式，直至甘丹颇章政权时期高度统一的政教合一统治模式，统治方式对日喀则城市格局的形成起到决定性作用。

日喀则城市的形成、发展，和藏区社会、经济、宗教、军事的跌宕起伏密切相关。从日喀则城市中心的变迁角度出发，可将城市发展大致分为三个阶段。

第一阶段从吐蕃时期开始，封建领主建立宗寨，其属农牧人民围绕宗寨居住，形成一个个小部落。这些部落通常处于地势险要的地方，宗寨则通常位于关口险地，据险而守，保卫着他的子民。据《后藏志》记载："年麦地区，起自科堆山口直到曲阁河谷为止。这地区有一处大集市，最初在古尔莫，后来集中在夏鲁，今日以桑则为集市。"[2]1354年，大司徒绛曲坚赞经过多年的励精图治，建立了帕竹第悉政权，同年建立了桑珠孜宗（日喀则宗）。他用新设定的十三大宗来代替原来的十三万户，这是藏族地区宗制度的首创，从此西藏社会进入了一个新的发展期。

第二阶段，桑珠孜宗建立后，日喀则城市由宗山脚下的"喳巴"户发展起来形成城市雏形。"喳巴"是指为宗山提供服务的工匠，他们落户在此，逐渐发展壮大，使宗山成为城市的核心。1447年，在宗堡的西面建立了扎什伦布寺。扎什伦布寺和宗堡之间曾经有一座小寺庙叫"扎西色奴"，意思为压倒扎什伦布寺。可见在1642年格鲁派取得政权之前扎什伦布寺一直深陷教派争斗，努力抗争自保。在这百余年的城市发展中，宗堡仍是推动城市发展的主要因素。

第三阶段，随着格鲁派的掌权，扎什伦布寺成为宗教主流意识的代表，其后的一段历史时期内，社会稳定，生产力发展，成为藏族文化发展中的一个重要时期。由于格鲁派取得绝对的政治优势，扎什伦布寺水涨船高得到迅速发展，成为后藏地区最有影响力的寺庙。扎什伦布寺的影响力同时也体现在对日喀则城市的发展

---

1 藤井明.聚落探访[M].宁晶，译.北京：中国建筑工业出版社，2003：85.
2 党壤达热那他.后藏志[M].拉萨：西藏人民出版社，1996：17.

制约上。350多年来，扎什伦布寺成为城市的中心，并且成为城市的象征。

第四节　当代日喀则的城市空间格局

1. 城市格局

日喀则城市以东西向的青岛路为界分为新旧两片。旧城的中心在宗山一带，向西延至扎什伦布寺，扎什伦布寺、宗政府以及大清真寺都聚集于此，旧城居住区中以藏族居民和穆斯林居民为主体。日喀则老城的城市格局为：宗山为城市中心，主要居民区沿宗山南侧、宗山东侧分布，宗山北侧尚有少量居民。日喀则老城区集中范围为尼玛沟、青岛路以东、仁布路以西、嘎曲美汤路以南、年楚河以西的地区。班禅夏宫——德庆格桑颇章距扎什伦布寺500米，该行宫位于城西南，又称新宫。

城市发展进程中逐步形成了"点、线、面"结合的城市格局，点为重点文物单位"扎什伦布寺、新宫、宗山遗址"；线是历史风貌轴（贡觉林路—几吉郎卡路—青岛路两侧）；面为城北藏式建筑风貌区（图2-3）。伴随着城市经济和社会的不断发展，目前日喀则市形成了以下布局特点：

第一，由于特殊的地形、地貌，使日喀则市初步形成了沿年楚河河谷地带的"带状城市"发展格局；

第二，城市大量的商业、办公、文化娱乐设施集中分布在城市中部地带；

第三，城市西部依托扎什伦布寺和新宫形成了西部历史风貌特色城区；

第四，城市南部集中分布了大量的特殊用地；

第五，城市西北部为具有保护价值的历史居住街区；

第六，城市东部作为城市新区开发的重点，近几年来发展迅速；

第七，城市东部依托年楚河形成了东风林卡、回族林卡和达瓦热林卡等滨河旅游观光区；

第八，由于长期以来城市建设受到年楚河洪水的影响，城市建设尤其是城市居住用地，主要在城市西部地势较高的地带发展，近几年来随着城市整体防洪能力的提高，城市建设用地逐渐向东发展。

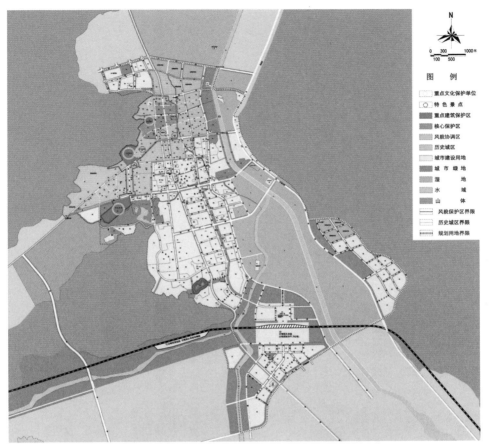

图 2-3　日喀则城市格局

2. 城市的道路与街区

街道和道路是一种基本的城市线性开放空间。它既承担了交通任务，同时又为城市居民提供了公共活动的空间。日喀则市的街道形态清晰，是典型的"井"字布局，承担交通功能的同时，还是城市市井生活的空间场所。日喀则市青岛路、几吉郎卡路以北，雪强路、仁布路以西围合的范围为旧城风貌街区。旧城以后藏民居建筑为主，充分凸现出后藏特色的民居建筑风貌，特色浓郁，风土人情并茂，是保护规划的主要地带。

居民区三面围于宗堡布置，寺庙独立于古城西南，古城最主要的街道就是连接寺庙与居民区直至河畔的两条道路（嘎曲美汤和曲崇美汤路），其他街巷在此

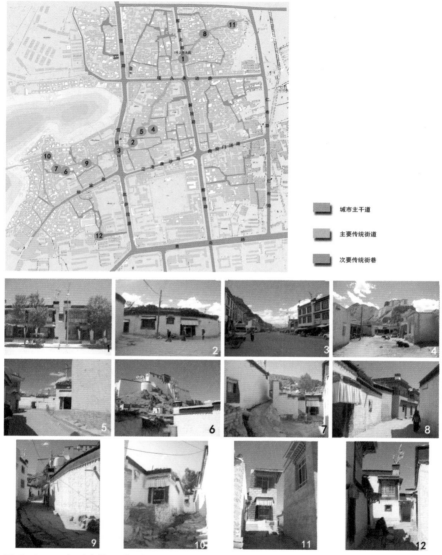

城市主干道

主要传统街道

次要传统街巷

图 2-4　日喀则老城区街道

道路基础上呈枝状分布。在宗山脚下，沿嘎曲美汤或曲崇美汤路向东一眼便能望见矗立在城市东面的夏日山。依山而建，建筑顺势而筑，街巷曲折变化，充分利用地形，构成颇有情趣的城市空间变化，是日喀则古城的一大特点（图 2-4）。

　　街道两旁的沿街建筑空间都呈围合状态，建筑一层临街辟铺面。日喀则老城

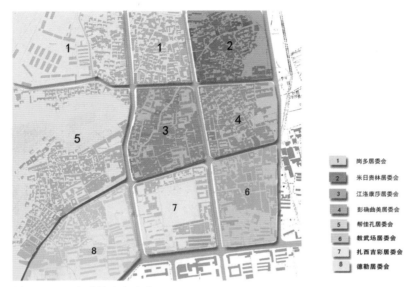

图 2-5　日喀则居委会分布

区的主要商业街为宗山脚下的南北向雪强路和东西向的邦加孔路，两条街的交汇点即是日喀则最古老的市场——藏市场，它位于日喀则老城区的中心地带。雪强路以东的居民区内，零星散布着店铺和甜茶馆。

清晰的街道流线把日喀则分成形态规则的街区，而街区内部却像叶脉般自由有机。老城区内的建筑密度非常大，巷道狭窄密布。由于民居形态的多样性，致使巷道蜿蜒曲折，形态多变；再加上地势起伏，身处其中，几乎无法感知巷道的走向。每个街区内有水井，居民集中供水，水井周围的空间便是街区中的公共空间，也是社区人们进行交流的主要场所。

1988 年撤区并乡，日喀则镇撤销，设立城南、城北两个办事处。城南办事处是以城市工作为主，兼管附近郊区的乡级行政管理机构。设立办事处后，原日喀则镇的一居委、六居委、扎西吉彩公社（乡）、德勒乡（立新公社）、桑夏公社（乡）、城南乡划归城南办事处，合并为五个居委会，即现在的帮佳孔居委会、教武场居委会、扎西吉彩居委会、德来居委会、曲夏居委会，包括十五个农民自然村和十五个市民行政小组。另有汉、回、满、珞巴、夏尔巴等民族。

帮佳孔居委会，原一居委，1988 年 8 月更为现名；教武场居委会，原六居委，1988 年 8 月更为现名；扎西吉彩居委会，原扎西吉彩公社（乡），1988 年更为现名；

德勒居委会，原德勒乡，1988 年 8 月更为现名；曲夏居委会，原桑夏乡，1988 年 8 月更为现名。

城北办事处包括江洛康沙、米日贵林、岗多、波姆庆居委会（图 2-5）。

3. 城市中心

寺庙是西藏最重要的公共场所和城市空间，求神拜佛几乎占据了藏民业余生活的全部。寺庙的社会功能是复合型的。在日喀则老城区中心不到 18 平方公里的市区内集中了 6 处宗教场所，其中不仅有分属格鲁派、萨迦派、

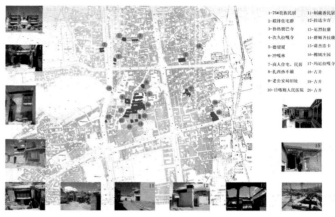

图 2-6　城市文物古迹分布图

布顿派等派别的藏传佛教寺庙，而且还有伊斯兰教的大清真寺和汉地的关帝庙。扎什伦布寺是这些寺庙中最重要的宗教胜迹，成为日喀则城市的象征（图 2-6）。

西藏的宗山是政府的办公机构所在，设有监狱、粮仓、档案管等机构，并有军事防御功能，是除了寺庙以外的另一种公共建筑。日喀则宗堡全名"豁卡桑珠孜"坐落在日喀则市城北的尼玛山，奠基于 1360 年，1363 年落成。建筑占据了整个

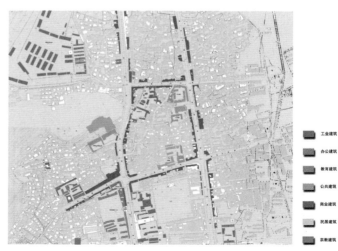

图 2-7　城市中心分析图

山头，布局复杂，墙基深厚。日喀
则城市最初是围绕宗山形成的，在
漫长的发展进程中，宗山和扎什伦
布寺一起形成日喀则城市两极发展
模式。

宗山脚下的藏市场是日喀则历
史最悠久的贸易集散地，市场周边
的邦加孔路和雪强路十字路口是传
统商业的集中区。穆斯林擅长经商，
这里大部分店铺都是由他们经营的。
清真寺位于市场南面，处在宗山和
扎什伦布寺之间，清真寺和市场周
围成了城市中大部分穆斯林居民的
聚集地。关帝庙的原址在地区第一
中心小学内，与原清军练兵场（位
于教武场居委会）仅一路之隔。

这些宗教场所的选址都是靠近
宗山而建的，彼此距离都很近。从
这样的建筑格局可以推测出日喀则
城市现在南北向位置基本成形于15
世纪，而城市的东西向距离在15世
纪要小许多，边沿区可能位于现在
的仁布路。城市形态是以宗山为中
心，沿山势布局的带形城市（图2-7~
图2-10）。

图 2-8　藏市场

图 2-9　日喀则老城区中心道路

图 2-10　宗山下的粮仓

第三章 日喀则城市建筑类型

第一节　桑珠孜宗

1. 历史沿革

《西藏历史文化辞典》中对"宗"（Rrdzong）解释为"城堡"或"寨落"，旧籍也作"营"，乃西藏地方政府基层行政机构。清代宗作为地方行政机构隶属于噶厦政府的基巧（Spyi－khyab）之下管辖。宗堡建筑大都是在地势险要之地依山而建，具有明显的军事防御功能。在吐蕃王朝后的分裂割据时期，原来的宫殿建筑性质逐渐演变为各大、小酋长的军事驻地，后历经萨迦到14世纪帕竹政权后，正式用"宗"取代了萨迦的万户制度，建立了13个宗堡建筑为地方行政单位。宗这个建筑名词逐渐成为西藏地方政府基层的行政机构的代名词，相当于内地的县政府。

日喀则宗，藏语为桑珠孜宗，位于日喀则城北尼玛山上，是旧宗政府的宫殿（图3-1）。帕竹政权时期，大司徒绛曲坚赞废除万户制，将卫藏地区划分为13个大宗，

图3-1　桑珠孜宗老照片

并将政治中心迁移到了日喀则。桑珠孜宗设立于 1354 年，即是当时所建的 13 大宗之一。因为桑珠孜宗是 13 宗里最后一个建造的，所以绛曲坚赞认为这个宗建成后，完成了他理想中的一切凤愿，便把它称为"桑珠孜"。

桑珠孜宗奠基于 1360 年，1363 年落成，是帕竹王朝时期大司徒绛曲坚赞创建的西藏地方 13 个宗之一。整个建筑有 4 层，酷似拉萨的布达拉宫，有"小布达拉宫"之称，在西藏很有名气。西藏帕竹王朝崩溃后，嘎玛王朝一至三代曾驻足于此。后来，嘎玛王朝被固始汗丹增曲吉武力征服，王权交给达赖喇嘛。此后，达赖嘎厦政府把这里作为宗政府所在，设置宗本管理日喀则地方宗教、行政事务。九世班禅时改名为基宗，管辖有 6 个小宗，握有后藏的行政大权，1969 年宗宫被毁，仅存最下层的遗址。2006 年由上海市援助在原址重建了宗堡。

2. 建筑特点

桑珠孜宗坐落在日喀则市城北的日光山头，海拔 3 983 米。建筑贴着山壁而建，远远看去和山石一种颜色，连成一体。宗堡在"文化大革命"时期被毁，但是从残留下的断墙石砾依然可以看出当时桑珠孜的宏伟（图 3-2）。建筑占据了整个山头，布局复杂，墙基深厚。从山顶看去，年楚河平原尽收眼底，既可以居高临下地观察军情，又可以依据天然地形来抵抗入侵（图 3-3）。

据文献记载和历史图像得知，桑珠孜宗与后来修建的布达拉宫（1645 年始建白宫，1690 年始建红宫）有着深厚的渊源，两者布局非常类似，我们可以从保存完整的布达拉宫中看出当时桑珠孜

图 3-2 桑珠孜宗遗址

图 3-3 桑珠孜宗下的民居

的影子。两者都是中央红宫、两侧白宫的形态构成，只是在规模、体量和细部上有所区别而已。虽然前者小于后者，但桑珠孜宗堡东、西向展开面也长达 230 米，最高点达 92 米。宗堡主体部分建筑面积约有 490 柱，约折合为 5 880 平方米（以每立柱平均约 12 平方米计）[1]。

桑珠孜宗原有前、东、西三座堡门，正中是外观五层楼的红宫。宫殿是土木结构，其宫殿将日光山头环抱，其上宫墙崛起，如刀削斧劈，巍峨耸立，俯瞰城阙，宫内回廊陡梯，高低曲折，有楼外楼、宫内宫、殿上殿，极为壮观华丽。高踞在最上层的日光殿是五世达赖的卧寝房，金殿内特别清静，摆设异常豪华雍贵。第三层供奉着弥勒、宗喀巴、莲花生、文殊等泥塑菩萨佛像，四面各种壁画满布，其下两层，是宗政府的办事机构、宫廷卫队和司法机关、牢狱及仓库等，共有300 多间房屋。红宫的东西两端有两层高的僧俗官员的住室。

建筑呈梯状依山势而建，铺满整个山头，最高处为宗政府官员的办公与住宅用房。险要的位置上均布有碉楼，加强守卫宗山的安全。建筑空间复杂，房间众多，高低曲折，回廊陡梯，表现出了积极的防御特点。底层只设置透气小孔，并不开窗。小孔横断面为梯形，外窄内宽，从建筑里面可以很轻易地对外界进行观察，必要时可以进行反击，而在外部很难对内部进行攻击。这也充分地体现了建筑本身的防御功能。

第二节 民居

1. 民居分类

（1）平房

过去一般平民居住的一层建筑，结构简单，土石围墙，架木（或树枝）于上，覆以泥土，房顶用当地风化了的"阿嘎"土打实抹平。内室居人，外院围圈牲口。随着日

图 3-4 日喀则平房民居

---

1 常青，严何，殷勇．"小布达拉"的复生——西藏日喀则"桑珠孜宗堡"保护性复原方案设计研究[J]. 建筑学报，2005（12）：45-47.

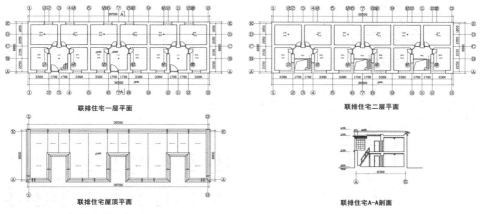

图 3-5 日喀则联排民居测绘图

喀则人民生活的日益改善，这类房屋已不多见，而逐渐代替以二层楼房和碉房，上层住人，下层作伙房、库室或圈牲口之用（图 3-4、图 3-5）。

（2）碉房

碉房是一种内院回廊形式的住房，一般二至三层，高的可达五层，院内有水井，厕所设于院落一角。碉房多为石木结构，外形端正稳固，外墙向上收缩，依山而建，内壁仍垂直，常见碉房一般为三层，以柱计算房间大小。底层为牲畜和贮藏房，二层为居住层，大间作堂屋、卧室、厨房，小间为储藏室或楼梯间。如有第三层，则多作经堂和晒台之用。厕所挑出墙外，下为粪坑。一般碉房室内的显著特点是：方形居室，多功能家具，主要有卡垫床、小方桌、藏柜等，具有矮小、拼装、多用的特点。家具沿墙布置，可充分利用室内边角面积。碉房结构分墙体承重、柱网承重和墙柱混合承重三种，后一种是藏式建筑的基本结构。建筑平面有方形、圆形、八角形等，以方形居多，墙体有夯筑，也有石砌。碉房具有坚实稳固、结构严密、楼角整齐等特点，既有利于防风避寒，又便于御敌防盗（图 3-6）。

图 3-6 碉房

（3）贵族府邸

民主改革前，西藏的贵族除了占有大量的土地、庄园、农奴之外，还拥有豪华的府邸。这些建筑规模宏大，装饰精美，结构严密。府邸一般由主楼和前院两部分组成。前院多为二层，底层为仓库或朗生[1]的住房，有的设置部分客房，接待来客。主楼居前院之北，一般呈回字形，中间为天井小院。底层为各种库房，靠近街面的部分，

图 3-7 查荣庄园

作租房出租。第二层，北侧正中为佛殿，南侧为管家用房和文件库，两侧为厨房、主副食仓库和家具库房。第三层系主人用房，有卧房、起居室、经堂、专用经堂、餐室及贴身佣人和奶妈的住室等。后期的府宅邸，大多采用别墅式建筑。一般占地比较大，院内林木葱茏，广植花木。建筑南向，喜开通间落地大窗，室内阳光充足。过去日喀则较有名的贵府宅邸有很多，如德来热旦、杜索、卡热、扎东、德瓦夏、顿康、日帕、擦绒、雪夏、雪日敏吉等（图3-7、图3-8）。

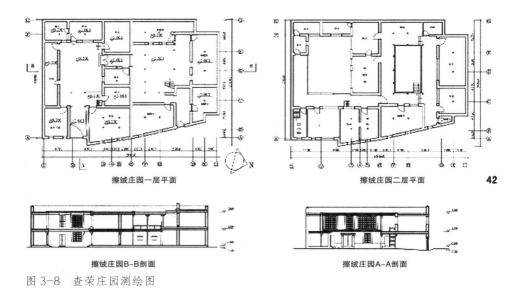

擦绒庄园一层平面　　　　　　　　　　　　　　擦绒庄园二层平面　　**42**

擦绒庄园B-B剖面　　　　　　　　擦绒庄园A-A剖面

图 3-8 查荣庄园测绘图

1 藏语，佣人、仆人的意思。

2. 室内外陈设与装饰

不论是农牧区住宅，还是贵族上层的府邸，都有供奉神佛的设施。一般的住宅都设经堂，经堂的布置及装修很有讲究。经堂的石墙上安装木质佛龛，类似壁架，上部做几格龛台，龛内供奉小菩萨偶像等，龛台下部为壁柜，贮放香供、法器、经卷等。贵族的经堂更是富丽宽大，经堂内的墙壁、天花、外檐门窗、枋等上饰满彩画、雕刻乃至沥粉贴金，极为华丽。有的贵族府邸还有二至三层楼高的佛殿，经堂分集体念经的大经堂和个人念经的小经堂，并设专供念经喇嘛休憩的卧室。

一般民居的经堂外檐侧墙的墙头砌有焚烟孔，上有烟道，贯通墙顶，为清晨祈祷时焚烧柏树枝，墙角竖立杆，悬挂布质经幡，或在屋顶、墙角堆砌玛尼堆，其上插立小经旗。

藏族民居最普通、最简单而又最醒目的外部装饰与宗教关系密切。门上悬挂风马旗或其他印有避邪图案的布画；墙体为白色，布满了手抓纹；女儿墙部分漆成黑色，女儿墙的脚线及其转角部位用红色；窗套和门套都用黑色漆成梯形。女儿墙部分用白色绘制了简单的图案，表达了驱邪避祸、招财进宝、人丁兴旺等美好愿望。屋顶的红、白、蓝、黄、绿五色布条缀成"幢"。在藏族的宗教色彩观中，

图 3-9　日喀则民居室内装饰

图 3-10　日喀则民居室外装饰

红色象征火，白色表示云，蓝色代表天，黄色寓意土，绿色意味水。同时绝大多数民居的大门两旁的墙壁都画有蝎子等避邪物。如果画的是蝎子，则门两旁一边一只，成对峙状，寓意灾邪不得进家门。蝎子或其他吉祥物皆为线条绘制，用墨水或黑色矿物画成，寥寥几笔，栩栩如生（图 3-9、图 3-10）。

第三节　林卡

林卡，系藏语，可以译为园林。但它的实际含义要广泛得多，一片丛林也包括在它的含意之内。每到盛夏之日，人们往往合家而出，寻找一片花木繁茂之地休憩、歌舞、筵宴，这种活动称为"过林卡"，林卡节是藏族传统的娱乐节日，是藏族人民除宗教外最重要最轻松的社会生活。藏族人民热爱自然，喜欢到野外的林卡中生活，有的野营露宿，几日不返。

在日喀则，据传说林卡节起源于莲花生大师，莲花生从印度到西藏传教，曾在日喀则远郊山洞修行一年之久。后来，人们为了纪念他，便在一个春暖花开的日子里，男人们一早骑毛驴到远郊的修行洞去朝佛，妇女则带上食品，汇集在近郊迎接"拜神得福"的亲人归来，然后聚会于林卡之中，这就是最早的林卡节活动。后来，活动加进了比试骑毛驴、赛马及射箭比赛等内容。以前西藏的贵族上层、官家、寺院、庄园大多拥有自然或人工建造的林卡，而普通百姓过林卡的地点并不一定在建筑或人工苑囿内，许多林卡其实就是一片树林。

藏巴汗统治西藏的 24 年间，称得上是日喀则历史上发展比较鼎盛的时期。当时的日喀则城市被林卡环绕，其东南西北各建造有一座林卡，景色优美。藏传佛教觉囊派的大师达热那特所撰写的《后藏志》中多有记载。

"人间帝释天桑珠则王由于其分内福泽及时成熟的神奇威德，桑珠则宫的四方遂有四座林苑。"

"桑珠则宫南边叫做扎西根村的林苑中非同寻常的柿树、睡莲、白莲、青莲、奔兹纳、紫梗等，花朵艳丽，飘逸芬芳，供人娱乐的戏水池不是盖有华屋的草原水塘，令人心生极喜。各种鸟儿时常悦耳地啼鸣，使人心醉。"

"宫堡东面是各种树木的混合林。这里众花团团初绽，皆大欢喜地露出笑脸，色彩鲜艳，光华灿烂，微风吹拂，发出悦耳的声音，花枝颤动，舞蹈婆娑，枝繁叶茂，果实累累，枝头上各种鸟儿麇集，故取名加措园（意为鸟群园）。"

　　"宫堡北偏西，各种树木枝繁叶茂，好似用花朵和果子搭成的圆顶平房，到处都是满足所欲的香甜果子，是坠落喜庆的稀有果树园，故世称乐园林苑。"

　　"宫堡西南隅，距拉河不远处是混合林，林海散逸芳香，鸟儿们啼鸣悦耳，景致优美，潺潺流水似珍珠鬘。世称鲁丁园（意为龙盘旋的林苑）。"[1]

　　随着藏巴汗政权的灭亡，日喀则烽烟四起，这些林卡也毁于战乱，唯一相对完好的就只有贡觉林卡了[2]。

　　当代的日喀则城市周边有多处林卡，如有市区北面城乡结合处的雪夏林卡，城市东面年楚河畔的贡觉林卡和达热瓦林卡，扎什伦布寺附近的新宫林卡、苹果林卡、路玛查林卡，还有远离城市的回民林卡等。每年林卡节为藏历六月一日，届时城镇居民和农牧民在各林卡举行声势浩大的游园活动。林卡内，帐篷林立，人流如潮，欢歌曼舞，热闹非凡。其中最著名的四大林卡为：贡觉林卡、新宫林卡、达热瓦林卡和扎什伦布寺苹果林卡。在这些林卡中贡觉林卡和新宫林卡是班禅的夏宫，属于皇家园林，达热瓦林卡和苹果林卡是老百姓过林卡的地方。位于日喀则东面的回民林卡其实是聚居在此地的穆斯林的墓地。日喀则自11世纪初，便有来自克什米尔地区的穆斯林移民定居，他们一直保持着传统信仰和习俗，遵循着穆斯林的丧葬礼仪。

1. 贡觉林卡（东风林卡）

　　贡觉林卡位于日喀则市区东北部，北依雅鲁藏布江，东临年楚河，处于雅江与年楚河的交汇点。由七世班禅丹白尼玛于清朝道光五年（1825）仿造罗布林卡而建，原名德吉经堂，后因清朝道光皇帝御赐用藏、汉、蒙、满四种文字写的"贡觉林宫"金字匾额，遂改名为"贡觉林宫"。内建德庆格桑颇章宫，是班禅的夏宫。林卡内树成林，并有虎豹等众多野兽，每年藏历八月份在此举行盛大的跳神活动。当时的西莫钦波节，由七世班禅丹白尼玛于1846年创立，开始就在贡觉林宫内举行，据说节目内容很多，跳羌姆，演藏戏，表演杂耍、技艺、歌舞活动等，常延续半月之久。贡觉林宫于1954年年楚河水灾中被毁。近年经过整饬装修，改称"东风林卡"，辟为日喀则人民公园。

　　每年六月一日开始约一周时间，市内群众都要在这里举盛大的游园活动，称

1　觉壤达热那他.后藏志[M].拉萨：西藏人民出版社，1996：102-103.
2　中共日喀则地委宣传部.大美日喀则[M].济南：山东人民出版社，2013：457-458.

之为"林卡节"。贡觉林卡内幽径曲环，四面贯通，安放有石桌、石凳，开凿有人工石河。石河环绕半个园林，河水碧波荡漾，可悠然泛舟。河廊上筑有亭台、拱桥。周围树木参天，环境幽雅。园外雅鲁藏布江东流而去，年楚河滔滔北上，景色十分怡人。贡觉林卡因而成为人们过林卡的主要去处之一。

贡觉林卡内有种类繁多的参天古树，其中以柳树最为著名。走在贡觉林卡内，可以看到许多棵柳树如螺旋状扭曲着，独具韵味，故又称其为旋柳。仔细观察，令人难以置信的是，几乎所有旋柳均按顺时针方向扭曲生长，它们千姿百态，各有差异，有的匍地盘旋，有的歪歪斜斜，有的直中带扭，给林卡增添了无限的自然风光[1]（图 3–11）。

图 3–11　贡觉林卡

2. 新宫林卡

新宫林卡即德庆格桑颇章，位于日喀则城区西南角，又名新宫，北距扎什伦布寺约 500 米。原建在贡觉林卡内，由于年楚河泛滥冲毁，七世班禅丹白尼玛于清道光二十四年（1844）遂搬迁至现址。这里成为七世班禅消夏避暑和进行宗教活动的夏宫，仅次于罗布林卡的园林。宫内有佛堂、金殿、护法神殿等建筑。德

图 3–12　德庆格桑颇章

庆格桑颇章在"文化大革命"中被毁，新宫为 1954 年兴建，是班禅大师安寝的夏宫。宫内有班禅大师的寝室、会客厅，还有经堂、佛堂、护法神殿等，新宫东南侧的新宫林卡，是日喀则市的四大林卡之一（图 3–12）。

---

1 中共日喀则地委宣传部 . 大美日喀则 [M]. 济南：山东人民出版社，2013：458–459.

第四节　寺庙

日喀则市是后藏的中心城市，也是历代班禅喇嘛的驻锡之城。这里不仅有作为格鲁派六大寺庙之一的扎什伦布寺，也有藏传佛教其他教派的附属寺庙，以及清真寺和关帝庙等，显现出日喀则丰富的城市宗教文化。其中扎什伦布寺作为班禅喇嘛的驻锡之地，其寺庙地位、建筑规模等远大于日喀则市内的其他寺庙，故而书中将之放入后面各章进行全面重点地分析研究。

1. 协惹朋巴寺

协惹朋巴寺，是夏鲁寺的属寺。现有僧人 13 人。建筑坐西朝东，二层，平面为中轴对称结构，一、二层两侧均有回廊。入口的处理比较特别，入口空间建有一座白塔，在白塔的基座中间辟有一门洞，从此门洞可入寺内。在底层白塔的两侧各有一间仅有 1 柱空间的房间，作为对外经营商业的场所，各设有一门直面街道。进入院内，白塔正对的房间即为佛堂，6 柱空间，两侧各有一间 2 柱的空间，用做卧室和储藏空间，其中南侧的房间与佛堂有门洞相连。佛堂之上为储藏室，其余现均用做僧人住房（图 3-13、图 3-14）。

2. 次久拉嘎寺

次久拉嘎寺，是藏传佛教格鲁派的寺庙，位于日喀则雪强路边，约有 100 多

图 3-13　协惹朋巴寺

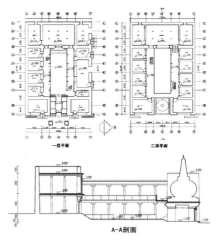

图 3-14　协惹朋巴寺平面图和剖面图

年历史。建筑仅有一层，规模比较小，有三栋小体量的建筑与围墙围绕形成院落空间。从院门进入正对的即为一层的佛堂，前有 2 柱回廊空间，内为 6 柱空间，其中后 2 柱空间的地面略有抬升。佛堂中间上有天窗采光，增强了佛堂内的宗教氛围。还有 2 座建筑用做僧人住房。这两座建筑的高度均低于佛堂，不仅丰富了立面景观，而且烘托了佛堂的主体地位（图 3-15、图 3-16）。

3. 关帝庙（格萨尔拉康）

在后藏日喀则的扎什伦布寺旁，宗山之南建有一座关帝庙，今仅余一大殿。据乾隆时和琳翻修该寺的碑文中记载，清初西藏"自入版图以后，即其地建帝君庙"。则该庙应建于 1642 年前后，地处扎什伦布寺旁小山上的营官寨附近，且"历昭灵应，汉番僧奉祀惟谨"。后来在反击廓尔喀战事胜利后重新翻修，成为汉藏军民共同奉祀之神庙。1792 年，大将军返藏后，为感谢关圣帝君护佑，特出资将扎什伦布寺旁关帝庙进行了整修，并在落成之后勒铭为记。

据西藏文物部门考察，日喀则关庙遗址的主体建筑大体完好，后被用做日喀则小学的校舍。其建筑基础略呈矩形，大殿正门至今悬挂有乾隆五十九年（1794）夏四月和琳所书"慈悲灵佑"匾。关庙正殿为木结构的汉式建筑，但前廊的下柱

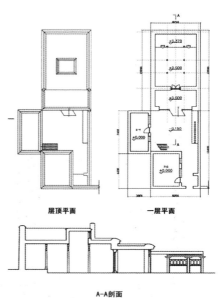

图 3-15　次久拉嘎寺　　　　　　　图 3-16　次久拉嘎寺平面图和剖面图

图 3-17 帝君庙碑

头却使用了藏式托木。前廊西阔 4 柱 5 间，廊后为深 4 间 12 柱的殿堂。堂后神座中夹塑关云长坐像，其稍前左右的关平、周仓也为坐像。再往前右侧塑一立卒，左侧为驭马，今已毁弃。正殿西侧原竖有 1794 年和琳所立的帝君庙碑，现在则移存于扎什伦布寺的前院保存[1]。

4. 清真寺

作为世界三大宗教之一的伊斯兰教遍布世界各地，其信众统称为穆斯林。在西藏拉萨也有伊斯兰教的传播，最早可追溯至吐蕃王朝时期，历史比较悠久。但是西藏本土的居民因藏传佛教兴盛之故，较少有信奉伊斯兰教者，穆斯林主要还是来自克什米尔和中原内地。至 14 世纪，在西藏的穆斯林形成了一个较强大的宗教社团，并且他们可以在拉萨、日喀则等地经商及从事其他行业，穆斯林从此开始在西藏安家落户。

清真寺是信奉伊斯兰教的穆斯林宗教信仰的中心，也是他们进行洗礼、礼拜、丧葬、节日活动等的场所。日喀则的清真寺数量不多，仅有 1 处。建于 1343 年的清真寺在日喀则的存在历史比扎什伦布寺还早近百年。来自克什米尔地区的移民恐怕是建设日喀则城市的先民中重要的一支（图 3-18）。

---

1 陈崇凯.藏传佛教地区的关帝崇拜与关帝庙考述 [J].西北民族研究，1999（02）：183-192.

图 3-18　日喀则清真寺 1

图 3-18　日喀则清真寺 2

第四章　扎什伦布寺与城市的关系

第一节　扎什伦布寺历史沿革与背景

1. 扎什伦布寺概述

扎什伦布寺（藏语：Bkra-shis Lhun-po，英语：Tashilhunpo Monastery），意为"吉祥须弥寺"，全名为"扎什伦布白吉德钦曲唐结勒南巴杰瓦林"，意为"吉祥须弥聚福殊胜诸方州"。关于扎什伦布寺，在《噶当问答录》中有一段受记说：

"教法是殊胜的十善法，大洲是圆满的瞻部洲，地区是年和夏地中心，该地之中最为殊胜处，高高的须弥山的旁边，祈愿长出妙欲宝莲花。"[1]

扎什伦布寺是西藏日喀则地区最大的寺庙，位于日喀则市城西的尼色日山东面山坡上。扎什伦布寺为四世之后历代班禅驻锡之地。它与拉萨的"三大寺"甘丹寺、色拉寺、哲蚌寺合称西藏藏传佛教格鲁派的"四大寺"。加上青海的塔尔寺和甘肃的拉卜楞寺并称为格鲁派的"六大寺"。

1447 年，宗喀巴最小的弟子，后来被追溯为一世达赖喇嘛的根敦珠巴在当时的后藏大贵族曲雄郎巴·索朗白桑和琼杰巴·索朗班觉的资助下，开始兴建扎什伦布寺。开始寺院定名为"岗坚典培"，意为雪域兴佛寺，后被根敦珠巴改成现在的名字，历时 12 年建成。1600 年，四世班禅罗桑曲吉坚赞任扎什伦布住持时，对该寺进行了大规模扩建。四世班禅是第一个被册封的班禅喇嘛，从此扎什伦布成了历代班禅喇嘛的驻锡之地。历代班禅对扎什伦布寺均有扩建。

扎什伦布寺占地面积 23 万平方米，建筑面积约 15 万平方米，周围筑有宫墙，宫墙沿山势蜿蜒迤逦，周长 3 000 多米。寺内有经堂 57 座，房屋 3 600 间，整个寺院依山坡而筑，背负高山，坐北向阳，殿宇依次递接，疏密均衡，和谐对称。金顶红墙的高大主建筑群更为雄伟、深厚、壮观。远处眺望，楼台重叠，殿堂高耸，金碧辉煌，宏伟而壮美（图 4-1）。

2. 格鲁派的兴起和黄教寺庙的发展

藏传佛教（俗称喇嘛教）是中国佛教的一个重要流派，也是藏族传统文化的重要组成部分，它形成于西藏，传播到四川、青海、云南、甘肃、新疆、内蒙古

---

1 恰白·次旦平措，诺章·吴坚，平措次仁.西藏通史简编[M].北京：五洲传播出版社，2000：569-570.

等地的藏、蒙、裕固、纳西等少数民族当中，并流传到蒙古、俄罗斯、不丹、尼泊尔等国。藏传佛教历史悠久、影响广泛，从而在世界宗教领域当中占据着重要的地位。长期以来，藏传佛教以其所具有的文化独特性和神秘性，深深地吸引着国内外人士。藏传佛教在西藏地区的

图 4-1　扎什伦布寺老照片

发展大致可分为两个时期：前弘期和后弘期。前弘期从 7 世纪文成公主进藏、佛教传入西藏时起到 841 年朗达玛灭佛时结束；后弘期从 978 年佛教在西藏复兴时起，一直发展到现代。

（1）格鲁派发展沿革

格鲁派（Dge-lugs-pa）中的"格鲁"一词汉语意译为"善规"，指该派倡导僧人应严守戒律。格鲁派因僧人戴黄色僧帽，又被称为黄教；又因该派认为其教理源于噶当派，故称新噶当派。格鲁派既具有鲜明的特点，又有严密的管理制度，因而很快后来居上，成为执掌西藏政权的主要派别之一。

该派奉宗喀巴大师（1357—1419）为祖师。宗喀巴原名罗桑扎巴，七岁出家，在当地噶丹派从师学显密十年，以后到前、后藏系统学习噶丹派教法和密教经典，并受到萨迦派显教教理的影响。他把西藏流传的显密教法组织成一个以实践和修证为纲领、按部就班、次第井然的体系，撰写出阐明他对显教、密教的认识的几部重要论著。宗喀巴于 1402 年和 1406 年分别年写成《菩提道次第广论》和《密宗道次第广论》，为创立格鲁派奠定了理论基础。

宗喀巴在藏传佛教发展史上是一位伟大的改革家。14 世纪末、15 世纪初，西藏佛教得到中央王朝和地方统治势力的大力支持，发展迅猛，但各派争夺愈演愈烈。此时，佛教已与政治融合为一，"互争外势，故真学实行之士，日渐减少……几不知戒律为何事，寺院僧侣，尽同俗装"。面对这种形势，宗喀巴认识到喇嘛

教必须改革,他依据佛教经典,提倡"苦修""敬重戒律""不娶妻,禁饮酒,戒杀生","令一切随从弟子,日日谛察自身。倘有误犯,当即还净"。并阐扬显密关系,规定学佛次第,制定僧人的生活准则、是非标准、寺院的组织体制、僧人学经的程序等等。这种改革是要僧人严守戒律,安分守己,敬上睦下,因而受到统治者和正直僧人的赞赏与支持,改革进行顺利,取得极大的成功。

宗喀巴发起的宗教改革运动依靠了当时卫藏地区的统治者——帕竹政权的支持。被明朝皇帝封为阐化王的扎巴坚赞,是控制卫藏地区的统治者。他花费大量财力物资,在拉萨大昭寺举办规模巨大的由宗喀巴作主持人的祈愿法会,树立了黄教的优势。又资助宗喀巴创建了甘丹寺,这是格鲁派正式形成的标志。随着势力逐步扩大,又修建了以哲蚌寺、色拉寺、扎什伦布寺等为代表的寺院。

活佛转世制度的采用是格鲁派走向兴盛的转折点。清代格鲁派形成达赖、班禅、章嘉活佛(内蒙古)、哲布尊丹巴(外蒙古)四大活佛转世系统。格鲁派活佛五世达赖喇嘛和四世班禅喇嘛联手在教派斗争中取得了胜利,建立了西藏历史上的格鲁派政权。达赖喇嘛和班禅喇嘛都接受了当时的中央政府——清朝的册封,成为西藏的统治者。其中达赖喇嘛为黄教教主和西藏主要统治者,班禅则是后藏地区的统治者。

格鲁派是藏传佛教诸派中形成最晚的教派,但该派势力之大、影响之深是其他教派不能与之相提并论的,达赖转世和班禅转世系统都出于该派。该派的形成使藏传佛教哲学思想臻于系统化,在政治上促使西藏"政教合一",对西藏社会的发展产生了深远的影响。

(2)格鲁派的寺庙和组织

格鲁派取得政权后,寺院有了很大发展,除拉萨三大寺外,扎什伦布寺、昌都寺,青海塔尔寺、隆务寺、佑宁寺,甘肃拉卜楞寺、卓尼寺,四川格尔底寺、甘孜寺,云南中甸的格丹松赞林寺,北京雍和宫等也都是格鲁派的著名大寺院。

甘丹寺,是黄教六大寺中地位最特殊的一座寺庙,它是由藏传佛教格鲁派的创始人宗喀巴于1409年亲自筹建的。甘丹寺位于拉萨达孜县境内拉萨河南岸旺波日山上。甘丹寺法台"甘丹池巴"是格鲁派宗教地位最高的职位,类似于"教主"。甘丹寺是格鲁教派的祖寺,是格鲁派的根本道场。

色拉寺,明永乐十七年(1419),宗喀巴弟子释迦也失兴建,成于宣德九年(1434);位于拉萨北郊3 000米处的色拉乌孜山麓。1414年释迦也失应召赴北京,朝见明永乐皇帝，受封大慈法王。

哲蚌寺，明永乐十四年（1416），宗喀巴弟子降央曲吉兴建哲蚌寺。此寺为历代达赖喇嘛的母寺。寺中的甘丹颇章（宫）为二世达赖根敦嘉措主持修建，第二、三、四、五世达赖均在此坐床，以后五世达赖在此掌领西藏地方政教大权。

扎什伦布寺建于1447年，由宗喀巴的弟子根敦珠巴主持兴建，其建于日喀则市城西的尼玛山东面山坡上，扎什伦布寺为四世之后历代班禅驻锡之地。

格鲁派大型寺庙内部实行以扎仓为中心的三级管理模式，实际上它是寺院的中间组织机构。管理整个寺院事务的组织机构称"措钦"。"措钦"本意指全寺的政殿。"措钦"由全寺各扎仓的堪布组成一个管理委员会，称为"喇吉"。一座扎仓实际就是一座寺院下的最大的分支寺院。格鲁派大型寺庙一般由两个或两个以上的扎仓构成。在扎仓之下设有称为"康村"的组织机构。"康村"之下再按地区划分，形成若干个管理僧人的机构——"米村"。

黄教寺庙之间，以甘丹、哲蚌、色拉、扎什伦布四大寺为主寺，散布在全藏的其他大小黄教寺庙为属寺，建立起层层的隶属关系，像母子一样，联结成一个比较严密的整体。母寺与子寺在经济上各有自己的寺属农奴、庄园，之间虽有一定的联系，但又相对独立；在行政上，子寺的堪布等要职均需由母寺派出的僧官担任，或由母寺派出常驻代表掌权，组成了一个集中统一的、遍布全藏的教团体系。寺庙内部有严密的组织制度和寺庙法规，使其统一的团体体系得以维系和发展。扎什伦布寺的属寺遍布后藏，较大的有彭林寺、拉孜寺、昂仁寺、安贡寺。

（3）班禅与扎什伦布寺

扎什伦布寺是班禅大师的驻锡地。"四大寺"的建造者是黄教始祖宗喀巴和他的弟子，建寺年代处于同一时期，采取了相同的组织制度和管理模式，是同一历史背景下的产物。很显然四大寺一开始都是属于达赖世系的，而由一世达赖建造的扎什伦布寺为何日后又成为班禅的驻锡地，这就要从"班禅"世系说起。

①班禅活佛系统简介

班禅，西藏佛教格鲁派中与达赖并列的两大宗教领袖之一。"班"为梵语"班智达"（Pandita）的略称，意为博学之士；"禅"藏语意为大；"班禅"意为大班智达，即大学者。原为后藏（今日喀则地区）一带对佛学知识渊博的高僧的尊称。

明万历二十六年（1598），后藏安贡寺的池巴安贡活佛罗桑曲吉坚赞（Blo-bzang Chos-kyi Rgyal-mtshan，1567—1662）成为日喀则著名黄教寺院扎什伦布寺寺主。

他是当时黄教领袖，因精通佛学而被人尊称为班禅。正是由于他的杰出贡献不仅使西藏历史翻开了新的篇章，也使扎什伦布寺跻身黄教大寺之列，成为后藏地区最有影响力的寺庙。在他的苦心经营下，扎什伦布寺取得了与拉萨三大寺同等的地位，形成了自己一套完整的学经制度。从四世班禅罗桑曲吉以后，扎什伦布寺全体僧众一致承认历代班禅成为当然的"池巴"（图4-2）。

图4-2　四世班禅罗桑曲吉坚赞

班禅罗桑曲吉时期，格鲁派受到了噶举派噶玛巴和世俗大农奴主的迫害。当时西藏的统治者藏巴汗禁止四世达赖的灵童转世。由于罗桑曲吉治愈了藏巴汗的重病，藏巴汗许以谿卡作回报，罗桑曲吉回绝了，仅仅提出一个条件，要求藏巴汗取消禁令，允许四世达赖的灵童转世，藏巴汗只好答应，达赖世系才得以延续。崇祯十五年（1624），罗桑曲吉与五世达赖喇嘛一起联合蒙古和硕特部领袖固始汗消灭与黄教为敌的藏巴汗，在西藏建立了格鲁派地方政权。之后四世班禅罗桑曲吉和五世达赖与清朝中央政权建立了隶属关系。清顺治二年（1645），固始汗在罗桑曲吉坚赞原有班禅尊称的基础上赠给他"班禅博克多"的称号（"博克多"，蒙语对智勇兼备人物的尊称）。康熙元年（1662）罗桑曲吉坚赞圆寂，他的弟子、黄教另一领袖达赖五世为他寻找转世"灵童"，从此黄教建立了班禅活佛系统，罗桑曲吉坚赞为班禅四世。

由四世班禅上溯，三世罗桑丹珠（Blo-bzang Don-grub，1505—1566）、班禅二世索南确朗（Bsod-nams Phyogs-glang，1439—1504）、班禅一世克珠杰·格勒巴桑（Mkhas-grub-rie Dge-legsdpal-bzang，1385—1438，黄教创始人，宗喀巴的弟子）都是追认的；但也有人认为罗桑曲吉坚赞为班禅一世。自班禅四世起，历世班禅都以扎什伦布寺为主寺。班禅五世名罗桑益喜（Blo-bzang Ye-shes，1663—1737），康熙五十二年清朝派官员进藏封他为"班禅额尔德尼"（额尔德尼，满语珍宝之意），赐金册金印（图4-3）。从此班禅的宗教地位得到清朝中央的确认。班禅六世华丹益喜（Dpal-ldan Ye-shes，1738—1780）是第一个到过内地的班禅，他于乾隆四十五年（1780）先后到承德、北京，祝贺乾隆帝七十寿辰，当年冬圆寂于北京。乾隆五十六年廓尔喀（今尼泊尔）侵略后藏，班禅七世丹白尼玛（Bstan-pai- nyi-ma，1781—1853）退避拉萨，与达赖八世吁请清朝中央政府救援。班禅八世丹白旺修（Bstan-ps'i Dbang-phyug，1855—1882）28岁圆寂。班禅九世曲吉尼玛（Chos-kyi Nyi-ma，1883—1937）因受十三世达赖排斥，于1924年逃离，1937年返藏受阻，圆寂于青海

图 4-3 清圣祖册封五世班禅为"班禅额尔德尼"的金印

玉树。曲吉坚赞（Chos-kyi Rgyal-mtshan，1938—1989）为班禅十世，于1989年1月28日在日喀则圆寂。十一世班禅曲吉杰布于1995年在扎什伦布寺举行了坐床典礼。

在西藏社会中"达赖"和"班禅"常被比喻成"日""月"。这两大活佛之间的关系也随着历史的潮汐不断微妙变幻。两大世系政治方面因素比较如下。

第一，班禅的领地只限于后藏地区的四个"宗"；而达赖方面占据了日喀则地区以外西藏的大部分地区，并不断渗透蚕食班禅的势力范围。第二，从所占有的寺庙、僧侣、田庄、农奴的数字来讲，达赖方面要大得多；班禅方面数量很小，只占达赖方面的十分之一。第三，达赖方面掌握着西藏的政权，处于主要地位，占绝对优势。

但是在宗教和政治地位来讲，班禅和达赖的地位相当，有时还胜之。体现在：

第一，班禅是"月巴墨佛"即无量光佛的化身；达赖是"欣然僧佛"即观世音菩萨的化身。第二，一世班禅克珠杰是"师徒三尊"之一，地位比一世达赖根敦珠巴的地位高。第三，四世班禅是四世和五世达赖喇嘛的师傅，从此两世系互为师徒。第四，清朝中央政权把达赖和班禅置于平等地位，都直接受中央管辖，两个活佛系统无隶属关系，是完全平等的[1]。

总之，与达赖世系的绝对统治地位相比，班禅世系的政治势力要薄弱得多。但在宗教地位上，班禅世系与达赖世系不相上下。两大世系自四世班禅开始互为

1 牙含章.班禅额尔德尼传 [M].北京：华文出版社，2000：5.

师徒，表面上历代交好，但班禅系统一直都与世无争，谦恭忍让，小心周旋在达赖和中央政府之间。回顾历史我们不难发现，班禅曾多次力挽狂澜扭转西藏政局，帮助达赖世系取得和巩固政权。而且，为了西藏的统一和格鲁派内部的团结，班禅多次拒绝了执掌全西藏政权的机会。当达赖世系陷入残酷的政治漩涡无法自拔时，班禅世系平静地完成了历代活佛的转世圈替，承担起恪守戒律传承教义、庇佑百姓的职责。20世纪初的清末民国时期，国内政治动荡，西藏政局也风雨飘摇。面对帝国主义的威逼利诱，达赖世系立场模糊，左右摇摆；而班禅始终坚守反帝反侵略的阵营，坚决维护中央政权和民族团结。

②历代班禅活佛对扎什伦布寺建造过程的贡献

1447年，根敦珠巴为纪念其圆寂的经师，聘请西藏、尼泊尔工匠，制作了一尊高5米的释迦牟尼镏金铜像。像铸成后，欲觅地建寺供奉。日喀则的一位贵族献出尼玛山南麓的一片沼泽地和山坡地，作为寺址。

1447年藏历九月，扎什伦布寺正式动工修建，一年以后，第一座佛殿释迦牟尼殿建成。1459年，扎什伦布寺初具规模，已拥有大小佛堂5座，供奉佛像12尊，僧侣近200人。至根敦珠巴圆寂时又陆续修建了包括密宗佛殿、大经院、展佛台、大小佛殿7座。建立了夏孜、吉康、兑桑林3个显宗扎仓和26个米村，住寺僧侣达1 600余人，其来源遍及后藏、阿里地区，以及境外的尼泊尔、克什米尔。

根敦珠巴圆寂后的一个多世纪间，扎什伦布寺基本维持原状，只在措钦大殿顶部增建了供奉根敦珠巴灵塔的拉康，以及供有吉祥天母和十六罗汉塑像的佛殿。

1601年，四世班禅大师罗桑曲吉坚赞（1570—1662）就任扎什伦布寺第十六任池巴。在他主寺60年间，除了重修和扩建了旧有的殿堂以外，又新建大小殿堂10余座，修建了两座金顶。1607年，他创建了密宗阿巴扎仓，在寺内建立起完整的由显到密的学经系统。罗桑曲吉在世时，寺中僧侣达5 000余人，有房室3 000余间，属寺51处，僧侣4 000余人，拥有庄园和牧场各10余处，成为格鲁派在后藏最大的寺院，取得了与拉萨三大寺同等的地位。

七世班禅时期，新建了供班禅大师夏季和秋季居住的带有佛堂的上下两个颇章。其中上颇章在扎什伦布寺西面，叫做德庆颇章，建于1844年，是班禅夏宫。下颇章在扎什伦布寺的东面，叫做"哲曲祖拉康"，是藏历第十四个绕迴[1]木鸡年

---

1 藏族时轮历纪年方法，60年为一周期。

（1825）兴建的 [1]。清道光皇帝赐名"贡觉林"，是仿制拉萨罗布林卡修建的，扎什伦布寺的下密院就设在这里，下密院中的"孜公康"是专门为班禅研习密宗的佛殿，九世班禅时将"孜公康"迁入扎什伦布寺内的甲康巴康村内（图4-4）。九世班禅建造了五

图4-4 七世班禅时期绘制的扎什伦布寺建筑唐卡

层高的佛殿（强康），殿中供奉了世界上最大的铜鎏金佛像。从四世班禅起，历代班禅都对寺院进行过修葺和扩建。建于这一时期的主要建筑和机构有印经院、时轮扎仓、甲纳拉康（亦称汉佛堂）、强巴佛殿、历世班禅灵塔殿、佛塔等。

在"文化大革命"的最后阶段，扎什伦布寺遭到了毁灭性的破坏。五至九世班禅的灵塔殿被毁，同时被毁的还有夏孜、兑桑林、阿巴扎仓，德庆格桑颇章也未逃过此劫。十世班禅时，修建了五世至九世班禅合葬灵塔殿。此后政府又陆续重修了阿巴扎仓、羌色康、十世班禅灵塔殿等建筑。

第二节　寺与宗堡——城市双极格局

1. 政治统治对城市格局的影响

宗山建筑的中心地位主要是通过其统治的标志——宫殿而体现的，由于藏区特有的自然环境及军事、心理需求，宗山建筑成为藏区宫殿的主要形式。藏区的城镇并不像汉地城镇一样，有着坚固的城墙保卫。藏民族十多个世纪的游牧生涯，让他们在思想上具有攻击性以及自我防卫意识，决定了他们需要在聚集地的制高点上建立宗山建筑，以求高瞻远瞩和利于防御。于是宗山的势力范围成为聚落的空间限定，居住者们选择了向受到宗山保护的那一侧集聚（图4-5）。

---

1 恰白·次旦平措，诺章·吴坚，平措次仁.西藏通史简编[M].北京：五洲传播出版社，2000：569-570.

元朝统一西藏以后，宗山保护城市的防御功能逐渐减弱。元朝统治者为了方便对广大藏区的管理，在西藏实行了万户制。将人口以万户为单位划归于各个宗政府管辖，使宗山变成了比较单纯的统治机构。这种宗山职能的改变，使城市的组织形式也随之发生巨大变化：宗山作为宗政府所在地仍矗立在城市的最高处，城市却开始从以前的以宗山为外边界内向型发展，转化为以宗山为中心外向型发展，这也是藏区城市设立宗政府后的共同特点。万户制是元朝对藏区特有的统治制度，它赋予宗政府的极大权力，使以宗山为中心的城镇格局被确定

图4-5　占据城市制高点的桑珠孜宗

图4-6　以宗山为中心聚集的居民区

了下来（图4-6）。万户制在赋予宗主权力的同时，又规定了这一权力的行使范围。普遍存在于青藏高原上的人口迁移成为宗主统治臣民的障碍，各宗宗主们为了方便统治，开始限制人口的外迁，并在自己的统辖范围内努力集中人口。这些被限制在城市范围内的人口便以宗山为中心集聚了起来。于是，城镇人口发生了快速增长，城市规模逐渐扩张，宗山成为城镇的权力中心以及制高点，决定着城市的基本格局。

2. 宗教统治对城市格局的影响

佛教在松赞干布时期正式传入吐蕃，后来与藏区的原始宗教本教经过长时间斗争与融合，最终形成了在藏区具有绝对统治意义的藏传佛教。由于教义的细微

差别以及不同封建领主的门户之争，藏传佛教形成了宁玛派、萨迦派、噶当派、噶举派、格鲁派五个主要教派。其中格鲁派虽然形成最晚，但后世影响最大。藏传佛教通过宗教继而影响并决定着藏区政治、经济、文化、意识形态，表现在城市空间上，

图4-7　日喀则城市的另一个中心——扎什伦布寺

便是佛教寺庙在城市平面格局上占据核心地位，以及在城市空间中的至高无上。寺庙在藏民精神上的统治地位使之成为万民朝拜的地方，而藏民独特而虔诚的朝拜方式（如转经、转山、叩长头等）也使得这些寺庙成为人流环绕和集聚的中心地。每个中心城市都有与之匹配等级的寺庙，如拉萨的三大寺、日喀则的扎什伦布寺、江孜的白居寺、泽当的昌珠寺，它们都构成了城市格局除宗山外的另一个中心（图4-7）。

3. 政教合一的制度对城市格局的影响

在藏区形成第一个统一政权吐蕃王朝之时，宗教便开始被藏区的统治者加以利用了。由于佛教的教义既有利于统治者的统治，又容易被人们普遍接受，因而迅速在整个藏区传播，并逐渐成为藏族人的精神重心。朗达玛灭佛以后，吐蕃王朝覆灭，藏区的政治和宗教都呈现出了非常混乱的发展态势。直到元朝一统西藏之后，统治者利用宗教的力量建立了萨迦政权，宗教的政治地位才被提升到前所未有的高度。元朝在藏区设立了万户制度，并将城镇的居民分为米德、拉德两个类型。它分出了一大部分农户专门供养寺院，这也是后来在寺庙周围形成向心型聚落的原因。有着专供寺院义务的这一部分居民，自觉地向着寺院发展。而政治集团对僧侣集团的依赖，使得他们对僧侣集团产生了政策倾向性，更多的城市居民被划为寺院供养。政教合一的制度出现之后，城市居民区开始大片地围绕寺庙

外向发展。这种发展甚至掩盖了原有的以宗山建筑为中心的发展脉络。居住区中的道路走向，逐渐被引领至寺庙。寺庙作为藏族人的主要活动场所，逐渐代替了山上古堡的地位，成为藏族人的心理重心。当然，这也是当权者愿意看到的局面。政教合一的统治，比起只运用统治的威严更能使之稳定。自此，城市出现的两个中心——宗堡与寺庙，有序地引领着全城的发展，宗堡与寺庙共同形成日喀则城市的"双极"空间意向（图4-8）。

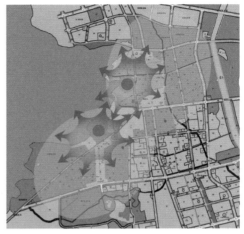

图4-8　日喀则城市的"双极"空间

第三节　寺、宗、城三位一体的空间构成

　　日喀则虽然几经兴衰，但每次变迁都不是原有空间模式的彻底消失，而是被吸纳之后形成新模式的一部分，空间意义依然存在，这不仅体现西藏传统聚落发展的适应性，也表明了藏族文化的融合力。寺、宗、城不仅代表了西藏社会的各个阶级，也因为完整的社会功能成为西藏城市聚落的典型模式。在西藏许多发展成熟的中心城市都采用了这种模式，如拉萨、江孜、泽当等。

　　寺庙在西藏社会中无论在精神上还是现实中都占据着统治地位，是宗教中心成为政教合一城市空间的精神内核（图4-9）。寺庙一般建在山腰处，与人群保持适当的距离，成为联系"世俗"与"天国"的枢纽。扎什伦布寺作为后藏地区最大的格鲁派寺庙成为政教统治的象征，统治阶级极力营造其重要性。大量朝拜者和居民聚居于此。由此，围绕扎什伦布寺便陆续出现了旅店、住宅、商店等建筑；同时，由于转经的需要，大量的几乎不间断的转经人群使扎什伦布寺周围的道路成为日喀则古城的主要交通干道。

　　古代藏人造城不善于圈地筑城，而习惯于在制高点上建立宗山建筑，并围绕聚集。所以，在西藏的许多城市中，宗山是凌驾于城市上空的。出于防御的心态，居住者们也因此选择了受到宗山保护的那一侧单向发展。另一方面为了给宗山提供武器装备，越来越多的手工艺者住在离宗山尽可能近的地方，从而也促进聚落的形成。原始的聚集方式发展成了城市统治制度与管理模式。随着历史的发展，即使改朝换代、新旧更替，宗堡作为曾经的政治制度的表现方式，并没有因为"宗"制瓦解而消失；在政教合一的背景下，宗堡仍然承担着管理城市的公共职能，只是到宗堡中工作的人不同而已。作为日喀则城市平面的中心，桑珠孜宗建筑包括了达赖寝宫、佛堂、宗政府的办事机构、宫廷卫队和司法机关、牢狱及粮仓等建筑。

图 4-9　寺庙——城市精神内核

城，主要是指居民区。人们称聚集在寺庙或宗山周围的村落为"雪"，"雪"的藏语意义是"下面"的意思（图4-10），雪村中住的

图 4-10　"雪"城

大都是贫民或手艺人，他们一般都为寺庙或宗堡服务。桑孜宗和雪村之间是宗堡与附属性村落的关系，带有瞭望塔和厚重城门的高大围墙能保护宫殿及其村落，因此宗堡下的雪村的居民点是日喀则最老的聚集地，这符合藏区聚落营造的基本规律。日喀则的居民区都是谦卑地匍匐在宗堡和寺庙的脚下，聚集在城市的底部。

寺、宗、城代表了西藏社会中僧侣、贵族和平民各个阶级力量，层层而上的空间形态也是曼陀罗思想的反映。这种特殊的城市空间构成是自然因素和阶级社会共同作用下的产物。它不仅代表了西藏城市聚落的典型模式，同时还反映了当时的社会制度、等级观念、宗法礼制、社会伦理等社会问题，因此具有多维文化意象和内涵，蕴含着藏民族文明之精神。在这三者中，首先，"寺"出现在城市历史各个阶段，并逐渐扩大其影响力，成为主导。其次，在城市布局上，寺成为

图4-11　寺、宗、城三位一体的空间构成

城市平面布局的一级，致使城市格局发生变化。再次，从空间方向来分析，寺庙处在地界与天界中间，是连接两界的中间地域。最后，寺是城市居民的精神中心，占据了人们的精神领域。综上所述，寺对于城是以引导者的姿态出现，而这一过程之前，是城孕育了寺，之后是寺带动了城市的发展。这一过程中寺与城相辅相成，融为一体（图4-11）。

第四节　扎什伦布寺选址与布局

1.多元文化对寺庙选址的影响

西藏在历史上曾被人们称为"佛教圣地"。长期以来，在西藏的一些地方，宗教既是经院的哲学，更是普遍存在的生活方式，它渗透到西藏社会政治经济生活的各个领域和各个方面。历史上长期处于统治地位的藏传佛教及其学说和思想对藏族传统建筑的选址布局与营造产生了深刻的影响，在扎什伦布寺的选址与布局中也有所体现。

（1）天梯说

西藏历史传说中聂赤赞普是西藏第一位藏王，他和他之后的六位藏王史称天赤七王。传说天赤七王都是天界的神仙，等到他们死时也会登上天界。彩虹就是登天的光绳，山体就是天梯。天赤七王之后的止贡赞普藏王，在一次决斗中，由于疏忽而斩断了他与天界联系的彩虹光绳，从此藏王便留在了人间，人们在青达瓦孜为他修建了西藏的第一座坟墓。在天梯说的影响下，那个时代西藏很多房屋都建在山上，这其中也包括自身防御的因素。即使在今天，我们仍然可以在一些地方的山腰上看到画上去的天梯图腾和山顶上宫殿的废墟。

（2）女魔说

吐蕃王朝时期，松赞干布迁都拉萨并迎娶唐朝文成公主后，开始在拉萨河谷平原大兴土木。文成公主曾为修建大昭寺和造就千年福祉而进行卦算。她揭示出吐蕃的地形就是一个仰卧的罗刹魔女（图4-12），并提出消除魔患、镇压地煞、具足功德、

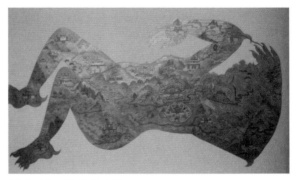

图4-12　罗刹魔女图

修建魔胜的营造思想，主张在罗刹魔女的左右臂、胯、肘、膝、脚掌、手掌修建12座寺庙以镇魔力。

文成公主曾约定，如果来不及修建这十二座寺庙，也要先在这些地方打入地钉，以保平安。在罗刹魔女的心脏涡汤湖，用白山羊驮土填湖，修建大昭寺以镇之。此后，吐蕃各地呈现一片吉祥之相。女魔说对吐蕃王朝在拉萨河谷地区的开发建设产生了重要的影响。

（3）中心说

古代佛教宇宙观认为，世界的中心在须弥山，以须弥山为中心，取5万由旬为半径画圆，再取2.5万由旬画圆，形成了宇宙的四大洲和八小洲。佛教认为世界有三界，人类和畜类生活的中界，以须弥山为中心，伸展到神灵生活的天界和黑暗的地界。桑耶寺（图4-13）的建筑布局充分体现了这一佛教思想。其主殿代表须弥山，由围墙所构成的圆内有代表四大洲、八小洲及日月等殿堂的建筑。在

图 4-13　桑耶寺全景

中心说的影响下，居民、寺院、宫殿等建筑都被认为是世界的缩影。早期的帐篷和后来居室中的木柱则被认为是世界的中心，沿着这个中心可以上升至天界，也可以下沉到地界。这也是信教群众向居室中的木柱敬献哈达的原因。

（4）金刚说

西藏宗教的主要教派是藏传佛教。藏传佛教是在金刚乘的基础上发展而来的，属于大乘佛教。藏传佛教曾渗透到西藏社会生产、生活的各个方面，是一个包括无数形态和极端复杂哲学思想的宗教领域，要说清楚它的内容和思想是非常困难的。金刚乘作为藏传佛教的基础，其"顶礼膜拜"和"朝圣转经"等思想和仪轨，对旧西藏社会形态、城市形态和建筑形式都产生了直接而深刻的影响。寺院的殿堂建筑内有很多"回"形的平面布局，这些都是朝佛转经的道路。这种建筑平面布置反映了宗教思想，延伸到寺院之外就形成了不同的转经道路，比如转山、转湖、转寺、转塔等。这对早起的寺庙布局有很大影响。

（5）天人合一说

青藏高原自然环境恶劣，藏族在恶劣的环境中学会了与自然共存的生活方式，体现在建筑的选址与布局上，就是尽可能地与自然环境融合，适应气候条件，一般选择背靠大山且靠近水源的位置，便于僧侣的日常生活和寺庙防御需求。

图 4-14　扎什伦布寺的选址示意图

2. 宗教思想对建筑群布局的影响

藏传佛教是在特殊的社会条件下的产物，人们希望通过一种集体的意识（佛教）或者是一种无望而极端的弃世态度，来抵抗施加于个体之上的压力，所以人们确信永无止境的轮回转世，借以减弱对死亡本能的恐惧，减轻生活在等级压迫社会下的苦难。在这种观念和思想下所产生的建筑形式与艺术效果，其宗教色彩深蚀入骨，这种建筑形式的本质是自然的本性。

西藏寺庙建筑的基本主题是对"中心"的表现，这一主题适用于建筑及城市的各个方面，每一座寺庙或者宫殿都是一个神圣的中心。这种几何形体的中心，都具有其自身价值与象征意义。建筑的作用本质上都是将土地的神奇力量转变为人类的栖居地。建筑物通过将模糊的空间以几何化的处理，使建筑空间中的人们可以感受到宇宙生命的脉搏。

可以看到，西藏宗教建筑的各种布局形式都有一种共同的倾向：将主体建筑脱离开来，为各个方向提供良好的视角，这个主体又构成人工象征空间的一部分。这种模式突出了窣堵坡的覆钵体量和寺庙群的巨大体量，从而达到用具体化的人造构筑物隐喻宇宙空间的目的。藏传佛教建筑是对佛教宇宙空间模式的象征表现。在经典佛教典籍中描述的佛国宇宙形式是一种称为"曼陀罗"的理想空间。这种曼陀罗式的祭坛仪轨较多地继承了婆罗门教的神灵名物与宗教仪轨，成为宗教建筑、偶像崇拜、哲学世界观的形象化表现。古代西藏人对于宇宙空间的认识（图4-15），综合而言表现为：

（1）宇宙构成基础是地、金、水、风四"轮"或四"天"，佛居于宇宙的正中,向四方演变为四种"波罗蜜"相,代表佛的"四智"。

（2）宇宙的中心是须弥山,有一主峰与四小峰,日月在其左右升降,主峰的中央是佛的住所"帝释宫"。有供佛游玩的四苑。

（3）须弥山位于大海的中央,周围对称有陆地,名为"四大部洲"和"瞻部轴",与须弥山共同构成"九山八海",最外是宇宙的边缘,名为"铁围山"。

（4）在这个格局严整的宇宙空间中,各种佛、菩萨、天王、协侍都有各自的位置。

（5）总体上看,这是一个十字轴线对称,成九宫格局的模式,在这个格局中可以根据佛法要求,填入不同的神佛名物与事物形象。

这样,通过内容与形象的相互交融,一个以五塔为中心,九宫间隔布局为基本形象的金刚宝座塔——曼陀罗图式便成为西藏建筑的基本布局形式。后藏地区除了扎什伦布寺外,受

图4-15　曼陀罗

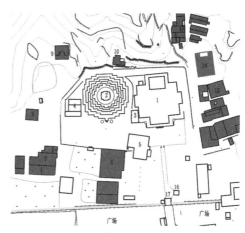

图4-16　江孜白居寺

其影响较明显的是江孜白居寺（图4-16）。据日喀则文物管理部门工作人员介绍,扎什伦布寺的主要建筑都是根据曼陀罗的形象建造的,其中吉康扎仓最可以作为代表。

3. 扎什伦布寺的选址

（1）自然环境影响

西藏有许多建房习俗,除了宗教仪式需要外,还包括了确定建筑选址和朝向

的方法和依据。关于西藏佛教寺院的选址更是复杂，是由专门的"孜巴"来完成的。"孜巴"是藏语，指的是精通天文历算知识的喇嘛。寺院选址时，他观察附近的地理环境、定出建筑的位置和朝向。

西藏寺院选址自有一套依据，也包含着当地苯教和佛教密宗的某些内容，并且受到了汉族风水学说的影响。藏族本身就有建造房屋前相地的传统，而且相地时还要举行各种仪式活动。但选择基址时的种种依据实际上是以满足人们的基本需要为前提的。比如要求有可靠的水

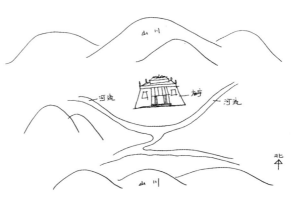

图 4-17 藏传佛教寺庙选址示意

源，建筑材料尤其是木材和石材取用方便，当然还不能离居住村落太远等，这些都合乎建筑选址的实际要求。土登嘉措（Thubten Legshay Gyatsho）在他的《寺院之门》一书中提到："寺院应建在这样一块地方：背靠大山，襟连小丘，两条河从左右两侧流过，交汇于前，寺院就坐落在水草丰茂的谷地中央。"寺院之四极（即东西南北四个方向）应符合以下要求：东为平地，南为丘陵，西为高地，北为群山（图4-17）。另外，还需要注意天、石、地、水、木五个方面的忌讳。同时，建筑的朝向也很重要，早期的寺院多朝东，以便看到初升的太阳，如西藏的桑耶寺大殿、萨迦南寺便是这样。

另外，现存的大型寺庙选址主要有以下三特点：

第一，建在山脚平缓地带（如拉萨的色拉寺、甘南的拉布楞寺等）；第二，建在山顶（如布达拉宫）；第三，建造背靠大山，前有平川的山坡，扎什伦布寺和拉萨的哲蚌寺属于这种选址特点。

扎什伦布寺建造在巍峨的尼色日山腰，东为年初河谷平原地带，南面为丘陵，西面是高地，北为群山，与寺庙的选址要求完全符合。寺院背山面水、坐北朝南，最北处有海拔3 900米尼玛山峰构成"风水"上的"祖山"；东、西两侧还各有"左、右护山"，山势平缓延伸；寺院两侧的山谷中还各有豁水一条，共同交汇于寺前，向南蜿蜒流去；寺院南部还有重重的"案山"绵延围合、横亘东西。

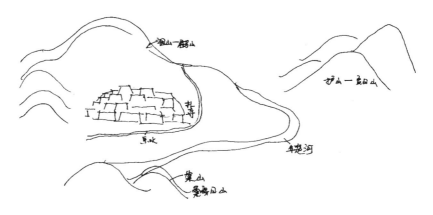

图 4-18 扎什伦布寺选址示意

扎什伦布寺最初的朝向是向东方的，一方面是由于宗教教义和传统做法，另一方面是由于当时城市中心位于扎什伦布寺东面，朝拜者都聚集在东面的宗山脚下。扎什伦布寺与当时的城市中心保持了一定的距离，但又不是太远。这样的选址既符合了寺庙静修的需要，也保证了寺庙今后发展的空间。扎什伦布寺的早期建筑都是用原石或片石和泥土夯实垒筑起来的，这些石头都取自于年楚河河床（图4-18）。

扎什伦布寺建筑群建成以后，依照山势而将建筑空间展开，以"聚巧形以展势"和"积形成势"等手法，充分利用大自然的峰峦之雄壮，加大了建筑"形"的尺度，从而获得了较大的高度或体量，形成了适合特定的宗教空间氛围的要求。借以表明寺院这个"通向光明彼岸的宗教场所"所应具有的神化空间，将宗教之美与自然之美紧紧地结合起来。建筑借助山势上升，更容易造成磅礴的气势，同时，寺院前多为开阔地带，使未到寺院的人便可以从远处以及多个角度感受建筑群体的外部空间效果。

（2）扎什伦布寺选址传说

关于扎什伦布寺的兴建，法尊大师所著的《西藏民主政教史》达赖世系卷这样叙述扎什伦布寺创建因缘：根敦珠巴前往响朵格培山闭关时，梦见扎什伦布寺的山顶，端坐着宗喀巴大师，半山坐着他的受戒恩师慧狮子，他自己则坐在山下，这时听见慧狮子对他密语：宗喀巴大师为我授记甚多。声音十分清楚。根敦珠巴在博东寺时，一天初晓，见到一个女人对他说：那里有你的寺庙，有寺就有众生。根敦珠巴问寺庙究竟如何？叫什么名字？女人两手当胸，作莲花合掌说了两句密语，说完就不见了。根敦珠巴知道这是空行母对他的授记。当时慧狮子常往返于桑主顶与纳唐寺，每到扎什伦布寺所在地方就指着说：我心中常感觉僧成（根敦珠巴）在这里说法。根据这些因缘，根敦珠巴知道在这里建寺很好，后来以班觉桑班[1]为施主，奠定了寺基。在建寺时，又在空中听到女人的声音说：该寺应当叫扎什伦布。根敦珠巴抬头看后靠山，正是以前在响朵格培山所梦见的山，便了知此寺以后必定兴旺[2]。

寺址的选定，还常常受到政治、经济、宗教思想和制度的影响，格鲁派这个名字的藏文意思就是"善规派"或"善律派"，这主要是由于当年格鲁派始祖宗喀巴进行宗教改革，提倡严守戒律而得来的。早期的格鲁派寺院戒律严明，讲求僧俗分离，效法释迦牟尼在远离尘世的山林中说法修持，因此寺院多建在与村镇有一定距离的偏远地带，以减少俗界的影响。而扎什伦布寺正是基于这种宗教思想的之下而创建的，其功能也正是传播经典的一座宗教学府。其宗教活动除了具有一般寺庙所具有的供奉、拜佛、诵经和庙会以外，更注重讲经说法、钻研佛学、培育人才。

4. 建筑群的等级与序列

人们对空间的感受是借助实体而得到的，人们常用围合和分隔的方法取得自己所需要的空间，空间的封闭和开敞是相对的，不同几何形式的空间可以使人产生不同的感受。序列化空间组织指的是建筑主要轴线上的多个空间的一种组合方式。序列化是多个空间以明确的"界面"来分隔和联系，从而形成一系列空间的层次和秩序。藏式建筑的单体形象有很大的相似性，这正反映了建筑象征意义的传达主要通过序列化空间组织的整体进行。序列化空间组织对建筑象征意义的传达，严格来说必须引入主体性的因素。

远眺扎什伦布寺，整个建筑群呈横向布局。展佛台和五层高的强巴佛殿一左一右成为扎什伦布寺东西向两端的起点，并且基本上处于一条水平线上，占据了扎什伦布寺建筑的制高点。自上而下扎什伦布寺被红白两色分成两个"序列"。

---

1 大贵族，当时桑珠孜宗的宗主。
2 王云峰.西藏朝佛之旅 [M].北京：民族出版社，2000：133.

第一序列是红色墙体和金顶组成的佛殿、灵塔殿建筑。从东向西分别是"确康夏"（五至九世班禅合葬灵塔殿）、措钦大殿、班禅拉让、确康吉（四世班禅灵塔殿）、官色（僧人称新宫，供班禅或达赖居住）、十世班禅灵塔殿、强巴佛殿（图4-19）。这一组建筑都是清一色的红墙，寺中最尊贵、等级

图4-19 扎什伦布寺第一序列建筑

最高的建筑都集中在此。这些建筑一字排开占据着寺庙的最高处，统领其下整片白色的建筑群。

第二序列是以米村为主的白色建筑群，这些星罗棋布的僧舍，均施以白色，都是以院落形式存在，院落之间空间联系紧密，自由多变，布局灵活。这一序列被寺内道路划分成四片，最东面的僧舍院落空间较小，形式不规则，此片建筑年代可能最早。中间两片的建筑荒废得较多，建筑形式参差，估计是新旧交替部分。寺庙最西片的米村空间较大，平面规则，建筑保存较好，应该是寺中较晚形成的（图4-20、图4-21）。

扎什伦布寺建筑群的序列章法是靠通过每个局部的空间界面实现的，扎什伦

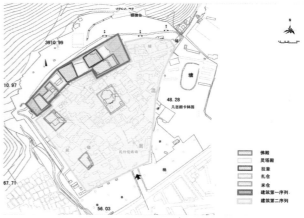

图4-20 扎什伦布寺第二序列建筑　　　　图4-21 扎什伦布寺建筑群等级序列分析

布寺空间的连续过渡，不是建立在南北走向的轴线上的，而是由一条东西向的主路线联系起来的，而且每个院落的封闭性很强，相对独立，院落之间往往出现穿堂性的道路（拉让和确康间的交通是从建筑下部开凿廊道实现的）。扎什伦布寺建筑群善于利用积极的建筑空间组织形式，合理地利用了起、承、转、合的手法去组织整个空间序列，形成一部完整的乐章、动人的诗篇。

5. 建筑群生长模式分析

藏传佛教寺庙建筑群最初是围绕一栋建筑或一个院落在平面上发展起来的，中心一般是措钦大殿。具备一定规模后，逐渐开始分支细化，形成若干个内部的建筑组群——扎仓，而每个扎仓建筑群的组织是以扎仓大殿为中心发散展开的。每个扎仓都是一个完整的组织，又以每个扎仓为单位按照一定的拓扑关系发展形成了现在的寺庙布局。单体建筑以院落形式为主，整个寺庙由大小不同的院落围合而成，寺内建筑密度非常大。以色拉寺为例，每个扎仓建筑群内部以扎仓佛殿为中心呈向心聚合，形成明确的单位构成，群与群之间关系紧密而清晰。全寺建筑又在措钦大殿的统临之下，形成了统一的建筑整体。寺中道路由中轴主干道向两边枝状伸展，汇集于围绕全寺一周的"转经道"，连接寺庙各部分，使得建筑群体之间的内部结构，有机地组织在一起。犹如"细胞核"式的向心聚合是拉萨地区格鲁派大寺庙发展形成的特点，也是扎什伦布寺早期发展遵循的模式。

在漫长的演化过程中，扎什伦布寺的建筑群布局形成了自己的布局特点，它改变了原有的"细胞核"式的向心布局，形成了"一条线"统领"一大片"的形式。所有等级高的建筑都排列在一条线上，处于扎什伦布寺建筑群的最上部。所有僧舍无论属于哪个扎仓都汇集成一片，密布在"一条线"之下。

就现存的扎什伦布寺建筑规模来分析，措钦大殿偏向于寺庙的东面，被毁的兑桑林和夏孜扎仓的原址都在措钦的东面，吉康扎仓位于措钦的南面，三个扎仓都围绕措钦而建。这四座建筑都是扎什伦布寺最早的建筑。由此可见，扎什伦布寺早期发展模式与拉萨地区寺庙具备相同的"细胞核"。

在扎什伦布寺最西面的色庆康村和夯多康村为蒙古人康村，是固始汗时期建造的。由此可见，现在扎什伦布寺的东西向长度规模在固始汗时期就形成了。四世班禅圆寂后紧挨着措钦建立了灵塔殿，以后历世班禅的灵塔殿都沿着这条线向西面发展，这条线上曾聚集着七个"金顶"。出现这样的情况是由于每一世班禅的灵塔殿形制都一样尊贵，所处的位置也应当同一高度。当九世班禅欲建强康佛殿时，曾把原来住在这里的僧舍移到下面，由此可推测第一序列的建筑位置不是预留的，而是由僧舍搬迁腾出来。扎什伦布寺的主入口原设在东面，而措钦大殿也是面向东面的。

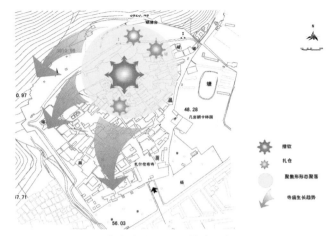

图 4-22 扎什伦布寺建筑群生长模式分析

结合以上内容可以得出扎什伦布寺的发展脉络变化。建寺之初寺中心在措钦大殿，逐渐向西发展，呈东西向带状构图。随着建灵塔殿的需要，僧舍的建设由山上搬到山下，逐渐铺满山脚，形成点—线—面的发展模式。扎什伦布寺整个建筑群坐落在山坡之上，依山势的起伏而排列，建筑体量也随着山势而变化，更加体现出了山地建筑的气势和自由灵活的空间秩序。等级低的建筑位于山脚，随着地势的不断升高，等级高的建筑占据视平线的最上部。建筑单体之间依靠道路的衔接、色彩的呼应、视觉上的联系以及建筑风格的统一等手法联系起来（图4-22）。

6. 建筑群的轴线和交通流线

今天的扎什伦布寺建筑群坐北朝南，中间南北向的一条道路将建筑群分为东西两大块，很容易使人误认为它就是建筑群的中轴线。但从扎什伦布寺最初是以"第一序列"为中线的东西向带状形态分析，其建筑群的轴线应该是贯穿"第一序列"建筑的东西向连线。这不仅符合藏传佛教选址思想，而且从现存的其他寺庙建筑群中也得到了印证。出现现在的情况是因为寺庙规模的快速扩张改变了原有的形态，同时也模糊了轴线的走势（图4-23）。需要强调的是，寺庙中建筑单体的布局也都采用了强烈的中轴对称形式。串联建筑群的骨架就是围绕全寺的"转经道"，它是寺庙中最明确的流线之一。

转经是藏传佛教中一项非常重要的活动，转经道是佛教徒右旋（顺时针）方向巡行礼佛的路线轨迹，其习俗缘于古印度。和其他一些后期藏式佛教寺庙一样，扎什伦布寺也有内外转经道（图4-24、图4-25）。外转经道环绕整个寺庙，这条环寺的山道还将寺内散置的各组建筑统一成一个整体，形成了一条有机纽带，与东面的宗堡相连。

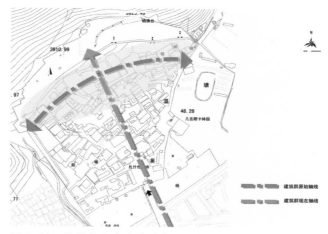

图4-23 扎什伦布寺建筑群轴线分析

顺着山势而起伏变化，行进时可将扎什伦布寺全景尽收眼底，在沿途设转经筒，经过的山崖上有摩崖石刻。

扎什伦布寺的内转经道有二道，第一道从扎什伦布寺广场左侧沿扎什伦布寺建筑群外围沿着围墙向上，在第一序列建筑背后向东行进，经过晒佛台，沿着围墙往下走到"江白央"再回到出发点。这条转经道是寺内僧人转经的路线。第二道转经道开始经过桑落、格热、罗布长康一线一直往上走，到达最西面的强巴佛殿，沿着第一序列的建筑前门，逐一参观主体建筑，最后从措钦大殿的东门出来。这条转经道是朝拜者和旅游者的主要路线（图4-26）。另外，在结巴米村前有佛塔7座，朝拜者围绕佛塔转经，按自己的年龄确定转经的圈数，一岁转一周，有

图4-24 扎什伦布寺外转经道

图4-25 扎什伦布寺内转经道

些年纪大的人每转一周
就放一个小石子以便计
数。

　　无论在内转经道还
是外转经道上，都设有
导向性的标志，转经筒
是主要标志物。在扎什
伦布寺建筑群的第一序
列中，明确的交通路线
设计和建筑语言所传递
的信息，在不需要指路

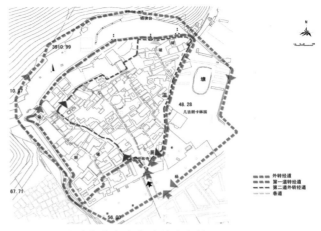

图 4-26　扎什伦布寺建筑群道路分析

标和文字说明的情况下，使参观者不会错过寺中任何一个重要建筑；而在扎什伦
布寺内转经道的起始和转接处都设有转经筒，以达到朝拜者在心理上的承接和延
续。转经道是寺庙建筑群内部各单体建筑之间的联系纽带和交通流线，它不但从
宗教意义上赋予了藏传佛教寺庙以浓厚的宗教色彩和仪轨，在整个建筑群体的空

图 4-27　扎什伦布寺建筑群巷道形态 1

图 4-28　扎什伦布寺建筑群巷道形态 2

间和流线组织上也起到非常重要的联系作用。

寺庙内部除了有明确的转经道外，还存在着三条纵向的道路以及模糊不清的支路巷道。寺庙中的道路都非常狭窄，仿佛是被挤出来似的，蜿蜒在建筑之间。如果将扎什伦布寺建筑群比喻为一幅油彩画，那么它主要是由色块叠起的，而线条则是色块间模糊融合的交界。就像寺庙中最强烈的空间意识仍然是院落，而许多实际意义上的交通并没有产生明确的流线，而是靠院落的重叠和交错完成的（图4-27、图4-28）。

第五节　扎什伦布寺布局的空间演变

由于青藏高原山多平地少，并且一般寺院与城镇需要保持一定的距离以达到静修的目的，所以大多数寺院的总平面为自由式布局。形成扎什伦布寺自由式布局的主要归因于地形变化的因素，此外数百年的发展中在不平整的地形上的不断扩建，也使之形成今日的面貌。即使最初有按轴线布局的想法，在陡峭的尼玛山腰也不可能实现。所以扎什伦布寺因地制宜，将体量庞大、色彩鲜艳的主要建筑，包括措钦大殿、灵塔殿、强巴佛殿及班禅拉章、展佛台等建在寺后部山麓的台地上，自东向西大致沿等高线蜿蜒布置（图4-29）；将体量较小的次要建筑，包括扎仓、康村等布置在主体建筑前的坡地上，依次排列，最南面是寺门。扎什伦布寺的东南面是一块洼地，洼地上长满了树干直径达1.5米以上的榆树，据说这些榆树与扎什伦布寺同龄，是一世达赖种下的。这片树林美化了扎什伦布寺南面的

图4-29　扎什伦布寺全景

环境，树林内部建有班禅住所普彰色布。整个寺庙周围都绕以围墙，形成了一个封闭的空间，围墙外则形成了一条转经道。全寺横向展开，广泛运用对比烘托的手法，以前部众多白色低矮建筑衬托后部山麓上一排宏伟壮观、金碧辉煌的佛殿建筑，背后以高山为衬，气势磅礴，高大宏伟。整个建筑群虚实结合、主次分明，达到了全局统一而又重点突出的效果。

1. 建筑群历史分析

扎什伦布寺历史悠久，经过几百年的发展形成了今天的规模，寺庙内的建筑也是在不同班禅时期建成的。通过对建筑历史年代的分析可以明晰扎什伦布寺的发展脉络，了解各个历史时期寺庙的发展情况。

（1）15 世纪

扎什伦布寺由宗喀巴的第八弟子、被后世格鲁派追认为一世达赖的根敦珠巴于 1447 年创建。1459 年扎什伦布寺建成后已粗具规模，现存包括措钦大殿、拉章、吉康扎仓在内的建筑共有 29 栋（图 4-30）。从其分布来看，措钦大殿位于全寺的最高点，其西侧为班禅行宫拉章，吉康扎仓及大部分的康村集中在措钦大殿

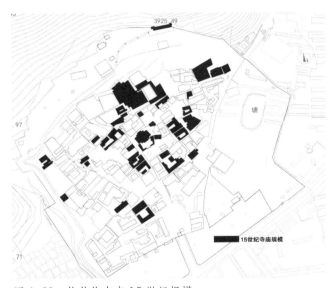

图 4-30　扎什伦布寺 15 世纪规模

的南面，这符合西藏山地寺庙围绕措钦主殿，结合地形的营造模式。但是也有几栋僧舍距离措钦比较远，位于寺庙的西南边，紧邻西边的丘壑，可以看出，扎什伦布寺在建寺之初就已经占据了现有的范围，确定了寺庙的四极，为以后的发展预留了空间。

（2）16世纪

扎什伦布寺建于16世纪的建筑现存的仅有两栋，分别是恰春与查仓觉杰，这两栋建筑分别位于寺庙的南部与东部。由于这一时期还未形成班禅世系，扎什伦布寺在格鲁派中的地位并不凸显，所以寺庙在这一时期的发展比较缓慢，建设基本也是围绕措钦大殿进行。

（3）17世纪

四世班禅罗桑曲杰对扎什伦布寺的发展功不可没，在他于17世纪初担任扎什伦布寺赤巴的时期对寺庙进行了大规模的扩建，现存的此时期的建筑也是最多的，多达40栋（图4-31）。从图中可以看出，这个时期由于格鲁派经清朝政府认可后取得了藏区

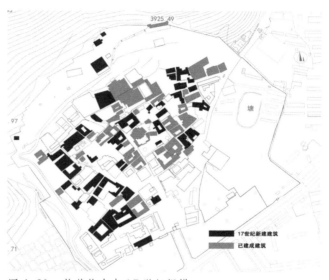

图4-31 扎什伦布寺17世纪规模

的统治地位，僧人与信徒的数量大增。所以此时期扎什伦布寺的建设主要满足僧人的居住要求，以僧舍为主；由于僧人数量增多，需要开设新的经堂供僧众习经礼佛，故此时期所建僧舍内多带有经堂；由于僧人的基数增加，由显宗进修密宗的僧人数量也相应增加，故修建了专供密宗僧人修行的阿巴扎仓，即密宗院（"文革"期间被毁，于20世纪90年代初期重新修建）。这一时期建设的中心分为两部分：第一部分是继续围绕措钦大殿进行建设，修建了两个密宗扎仓，并在原有建筑的间隙中修建新的僧舍；第二部分是在寺庙的西部沿山势开展了新的规划与建设，就好比今日城市开辟的新区，形成了一条南北向的带状建筑群。这样的布局有效地结合了地形，大大缓解了以措钦为中心的建筑群的压力，也奠定了扎什伦布寺今日的格局。四世班禅罗桑曲杰圆寂后，扎什伦布寺为其修建了豪华的灵塔殿曲康夏纪念他，这也是扎什伦布寺最宏伟的建筑之一。

经过这一时期的发展，扎什伦布寺基本成型，原来稀松的建筑群变得更加饱

满，脉络更加清晰，并形成了环寺的转经道。这主要得益于格鲁派政治地位提升后带来的政治、经济利益。佛学在这一时期也得到较快的发展，四世班禅一生著作百余部，可见其佛学的造诣之深。

（4）17世纪中叶至19世纪中叶

在这两百年的岁月中，扎什伦布寺共经历了五世至八世四代班禅，整个寺院的格局没有变化，只是新建了少量的僧舍。18世纪初，新疆准噶尔汗派兵入侵西藏，扎什伦布寺也被劫掠一空，寺庙遭到极大破坏。故在这一时期扎什伦布寺新增的建筑比较少，现存的此时期的建筑仅有2栋僧舍。19世纪初，七世班禅在紧邻四世班禅灵塔殿的西面修建了自己的行宫——宫瑟。这一体量庞大的建筑使措钦—拉章—四世班禅灵塔殿这一建筑序列更加明确，寺庙的建设也由围绕措钦的向心型发展转变为沿着这一金顶建筑群序列来进行的横向型发展。这种改变决定了扎什伦布寺以后佛殿、灵塔殿的建设走向，扎什伦布寺措钦至强巴佛殿这一金顶建筑序列的形成至关重要。此外，宫瑟、拉章白色的外墙与措钦大殿、四世班禅灵塔殿形成了红白相间的色彩对比，将后者从漫山的建筑群众更加托显出来，达到了增强其艺术感染力的目的。

（5）20世纪

20世纪初期也是扎什伦布寺发展较快的一个时期。九世班禅时期，经过几百年的积累，扎什伦布寺在财力上比较充足，所以这一时期建设的重点是佛殿与佛堂。九世班禅于1914年在寺庙西部带状建筑群的北面兴建了雄伟的强巴佛殿，此后又在强巴佛殿的东面陆续修建了格桑拉康与南木加拉康。至此，扎什伦布寺形成措钦大殿—强巴佛殿的第一序列。这一时期修建的僧舍建筑约十余栋，大多位于以措钦为中心的建筑群与西部带状建筑群之间的空旷地带上，填补了两大片区之间的空白，使扎什伦布寺以僧舍为主的寺庙建筑群更为饱满（图4-32）。

"文革"期间，扎什伦布寺遭到严重破坏，位于强巴佛殿后方的历代班禅灵塔殿全部被毁。十世班禅曲吉坚赞在国家的资助下于1989年在措钦大殿的东北处修建了班禅东陵扎什南杰，重新供奉五世至九世班禅的遗骨。十世班禅圆寂后，其灵塔殿释颂南杰选址位于强巴佛殿和四世班禅灵塔殿之间的原六世班禅灵塔殿的遗址上，这正好填补了第一建筑序列的一个缺口。三座灵塔殿与强巴佛殿体量相近、间距适中、光彩夺目，构成了一个平衡的横向展开的金顶序列。这一时期灵塔殿的设计中都融入了现代建筑的建造方法，灵塔殿的基础更加坚固牢靠。20

世纪末，由于时代的发展与生产力的提高，扎什伦布寺在位于寺庙的西南角修建了许多一层建筑，大多作为工棚、仓库、车库等，这样既可以解决寺庙的生产需求，又不至于阻挡朝圣者与游客观赏佛殿的视线，可谓一举多得。十世班禅时期还修建了跳神用的羌色康与扎什伦布寺的大礼堂，充分满足了广大僧俗的精神文化需求。

图 4-32 扎什伦布寺建筑历史现状

从扎什伦布寺的历史发展历程可以看出，寺庙在长期的发展过程中，由于受到地形、宗教、政治、经济、文化等各方面因素的影响，其布局可能会与原先的规划不尽相同，但是整个寺庙的建筑群的横向发展依然贯彻了藏传佛教的思想与精神。在历世班禅的努力下，扎什伦布寺在后藏地区始终保持统治地位，延续至今，兴盛不衰。

2. 扎什伦布寺内经堂的发展与演变

大型格鲁派寺庙都有完整的自下而上的经院教育系统，僧人在不同的学习阶段会在不同的建筑经堂内习经。这些不同规模、等级的建筑可以满足习经的僧侣不同的需求。经堂是僧人们集体诵经、学习经文的场所。在措钦大殿、扎仓中的经堂是整座建筑使用频率最高的场所，需要担负起大量僧人的集会活动，所以这些经堂面积较大且配有佛殿，且有着较为严格的规定，如措钦大殿只有在举行全寺性的活动时才使用，吉康扎仓对入内习经的僧人有一定的学位要求等，仅靠这些经堂是无法满足所有习经僧人日常的学习与生活的，并且随着寺庙的扩建与僧人数量的增加，这样的情形更加窘迫。所以在康村与米村内兴建了许多康村级的经堂供广大习经僧侣使用（图 4-33）。

图 4-33　扎什伦布寺经堂现状

　　从表 4-1 可以看出，扎什伦布寺里对经堂的修建伴随着寺庙历史上的快速发展，一是 15 世纪根敦珠巴建寺时期，一是 17 世纪四世班禅寺院大规模扩建时期。经堂是藏式建筑的重要组成部分，不同时期经堂的建设可以反映出寺庙各个方面的发展情况。

表 4-1　扎什伦布寺各级别经堂现状

建筑名称	建筑年代	经堂面积（平方米）	柱数（根）	经堂高度（米）	目前使用情况
措钦大殿	15 世纪	370	48	3.84	修缮完好，仍在使用
吉康扎仓	15 世纪	193.2	24	3.80	保存较好，仍在使用
孜南加扎仓	17 世纪	210.8	24	3.25	扎什伦布寺护法学院，仍在使用
密宗院	17 世纪	253.0	24	3.60	1990 年代新建
达木瓦	15 世纪	143	12	3.20	保存较好，已作为唐卡工坊
哈东米村	17 世纪	133.6	12	3.10	保存较好，藏有经书
罗布长康	百年历史	41.2	6	2.10	保存较好，仍在使用
色钦	17 世纪	77.4	12	3.80	保存较好，仍在使用
石霍康村	17 世纪	89.1	6	2.60	位于廊房内，仍在使用
本仓长康	百年历史	107.5	12	2.60	保存较好，仍在使用

续表

建筑名称	建筑年代	经堂面积（平方米）	柱数（根）	经堂高度（米）	目前使用情况
拉卡吉康	17世纪	48.4	8	2.70	保存较好，仍在使用
洛布	17世纪	44.8	4	2.60	保存较好，做仓库用
裙觉康萨	19世纪	44.8	4	3.00	保存较好，仍在使用
日卡	15世纪	59.9	未察	2.60	未能进入
文物组	17世纪	37.4	4	2.20	保存较好，仍在使用
吴坚宗	17世纪	38.4	4	2.50	废弃不用，闲置杂物
协巴	17世纪	92.8	12	2.50	保存较好，仍在使用
当钦达热	19世纪	20.2	2	2.50	保存较好，仍在使用
古格米村	15世纪	93.5	12	2.50	保存较好，仍在使用
罗布甘丹	15世纪	80.0	12	2.40	保存较好，仍在使用
如措米村	15世纪	38.1	4	2.60	保存较好，仍在使用
色康	17世纪	88.5	12	2.90	保存较好，仍在使用
塔巴	15世纪	87.1	12	3.30	保存较好，仍在使用
春卡部	15世纪	224.4	未察	不详	未能进入
杰钦孜米村	17世纪	134.5	16	3.00	保存较好，仍在使用
拉卡拉康夏	15世纪	21.8	2	2.50	保存较好，仍在使用
宗嘎吉康和章仓	17世纪	84.6	9	2.70	保存较好，仍在使用
官瑟	19世纪	217.8	20	3.00	保存较好，仍在使用

（1）15世纪中叶

扎什伦布寺建寺之初便兴建了措钦大殿、四大扎仓与现存的8个康村级的经堂。经过统计发现48柱的措钦大殿（图4-34）经堂是寺庙内等级最高、柱数最多的；夏孜扎仓与托桑林扎仓已经被毁，无从考证，从同时期的吉康扎仓的形制来看，要比措钦的等级低一级，其柱数为措钦的一半，24根（图4-35），其面积自然也比措钦大殿的经堂小。此时期康村内修建的经堂现存有7处，除了如措米村与

图4-34　措钦大殿经堂

图4-35　吉康扎仓经堂

图4-36　达木瓦经堂

拉卡拉康夏的经堂较小以外，其余均为 12 柱的形制（图 4-36），面积都在 80 平方米以上，这些经堂应该是康村中等级较高的。这一时期修建的经堂多以寺庙、扎仓、较大的康村的形式为主。

（2）17 世纪

17 世纪四世班禅时期是扎什伦布寺发展的第二次高潮，僧人数量激增，为了满足其学经的需要，寺庙做出了一些调整。将孜南加扎仓（护法学院）迁移到了当时新建的加康巴康村内（图 4-37、图 4-38）；将密宗院迁移到了寺庙的北部，拉章的背后。

图 4-37 孜南加扎仓入口

康村内修建的经堂现存 11 处，除了在一些较大的康村内修建了 12 柱的经堂外，多是 4 柱规模的小经堂。这一时期寺庙内经堂发展的特点是对扎仓级的大型经堂做出调整，并修建了许多小经堂来填补康村与米村，满足众多习经僧人的需求。

图 4-38 孜南加扎仓内部

（3）19 世纪至解放前

在经历了长时间发展后，扎什伦布寺已基本定型，对新建筑的需求降低，自然也减缓了经堂的建设。这一时期内各个康村中只是新建了四座经堂，大小不一。七世班禅时期修建的宫瑟内有一座 20 柱的经堂，这样的柱数比较特殊。究其原因，笔者分析认为作为班禅的居所，其等级自然比康村要高，但宫瑟毕竟是居住类的建筑，不能与扎仓同级，故柱数比扎仓的 24 柱有所减少，为 20 柱。这也充分体现出格鲁派的宗教思想与世俗的等级制度在建筑中的反映。

从扎什伦布寺经堂的发展可以看出，在建寺初期，经堂的建设是以措钦大殿、扎仓这一类等级较高，承担寺庙内较为重要的法事活动的经堂的建设为主，康村内配建的经堂也都面积较大，等级比较统一；在寺庙发展成熟的过程中，寺庙内经堂建设的重心逐渐转移到了康村内的经堂上，经堂的发展呈多样化趋势，等级与形制不尽相同，对扎仓级经堂的建设也遵循了格鲁派先显后密的原则；寺庙发展后期，建筑群基本定型，只是按照各个康村的需求修建了4座经堂，对其他的经堂基本保持原样。

（4）寺庙内的院落空间

扎什伦布寺经过数百年的发展，寺庙内的建筑鳞次栉比，排列得非常紧密，寺庙的用地显得比较紧张。但是寺庙内仍保留有三处较大的公共空间，分别是大门入口处的广场、吉康扎仓的院落与措钦大殿东面的廊院。这三个空间依次位于寺庙下、中、上三处不同等级的建筑序列中，其功能与属性也有较大差异。

图4-39　扎什伦布寺入口广场

入口广场（图4-39）是整个寺庙人流集散的中心，也是朝圣者最先进入的空间。广场尺度较大，北面的建筑退得也比较远，削弱了

图4-40　辩经场准备辩经的僧侣

对入口的影响，所以朝圣者进入广场后最先感受到的就是远处山腰上高大雄伟、金碧辉煌的灵塔殿与强巴佛殿。强烈的对比极大地增强了宗教的精神感染力，增强了朝圣者对神灵先贤的崇拜。所以入口广场主要是人瞻仰神的空间，起到人、神交流的作用。

吉康扎仓的前院是整个扎什伦布寺的辩经场（图4-40），院子里古树参天，郁郁葱葱，大片的树荫遮蔽了强烈的阳光，是集会的理想场所。辩经是一种佛学交流活动，在辩经的过程中僧人的佛学水平得到提高，对佛学的理解进一步加深。僧人通过不断地提高自己，从而脱胎换骨，成为高僧大德。辩经场这一空间促进了僧人的交流，起到拉近僧人与神的距离的作用。

位于措钦大殿东面千佛廊院围合而成的讲经场（图4-41）处于扎什伦布寺的

金顶建筑序列之中，是寺庙佛事活动的中心，也是每一位朝圣者的必经之地。置身于此，四周高大的建筑给人强烈的压迫感，四壁醒目的红色也在提醒人们这里是供奉神灵的地方，使其崇拜情感得到进一步增强。此外，在这里还

图 4-41　措钦大殿东侧的讲经场

可以看到措钦大殿内的佛事活动，拉近了朝圣者与僧人的距离，使朝圣者对神灵的崇拜部分转嫁到僧人这个现实的对象上，从而提高僧人在信徒心目中的地位。

　　这三个连续的院落式空间充分结合了僧人与朝圣者在寺庙内的活动，通过不断变化的展示功能与逐渐强化的宗教氛围，逐步加强人们对神灵的崇拜感，不断提升位于神灵与凡人之间的纽带——僧侣的地位，从而进一步巩固了藏传佛教的统治地位。

　　扎什伦布寺的选址与布局不仅受到西藏自然环境与本土文化的影响，还融入了汉地与印度等外来文化的特点。寺庙选址于理想的尼玛山山腰上，最初是以位于山腰的措钦大殿为中心、四周布置扎仓和康村的向心型发展模式。随着格鲁派的兴盛与寺庙的发展，寺庙建筑群逐渐向西扩张，转而形成了自东向西的带状发展模式，形成了措钦大殿至强巴佛殿这一金顶序列，成为寺庙新的中心。寺庙建筑群在不同的历史时期发展速度不尽相同，其主要原因与寺庙的经济水平、僧人数量、宗教地位等相关，也会受到当地生产力发展水平与历史事件的影响。

　　经堂等功能性空间也伴随着寺庙的发展而扩增，形成了扎什伦布寺以措钦大殿（48柱）—扎仓（24柱）—康村、米村（12柱或更少）为三个等级的经堂的形制。寺庙以3条明确的纵向道路分割白墙建筑群，并形成了环寺的内外转经道，完善了寺庙的交通空间。

　　整个寺庙的布局在历史发展过程中始终遵循藏传佛教的宗教思想与要求，循序渐进，不断完善，形成了自己独特的风格与面貌。

第五章　扎什伦布寺建筑类型与特点

寺庙建筑是藏族建筑中除民居建筑以外分布最广、规模最大、数量最多的建筑类型。西藏人民笃信佛法，在当地寺庙的建设上花费了大量的物力、财力，统治阶级也利用寺庙来巩固自己的地位。所以，在藏区任何一座藏传佛教寺庙，无论是在建筑规模、建筑等级还是在建筑艺术上，都是当地任何一种建筑类型所无法比拟的。这是藏族寺庙建筑的一个显著特点，从建筑艺术成就而言，藏区的藏传佛教寺庙也正是藏式建筑艺术精华的结晶。

扎什伦布寺作为后藏地区最大的格鲁派寺庙，经过数百年的发展与完善，其建筑的空间与形制在当地最具有代表性，对它的研究将加深对格鲁派寺庙建筑的理解。

第一节　建筑类型分析

1. 佛殿

藏传佛教寺庙寺院内的主要宗教活动场所是佛殿和聚会殿，它们的体量很大，是寺内的主要建筑。佛殿有独立建造的，也有和聚会殿结合在一起的，当藏传佛教发展到繁荣时期，即格鲁派兴起时，因其寺院组织及其学经制度的完善，形成了措钦、扎仓、康村几级的管理组织，并将这种组织的管理机构用房和僧众礼佛、习经聚会的佛堂、经堂结合在一起，创造出一种两层以上体量庞大的建筑，按其管理组织机构称为措钦、扎仓等。将寺庙内措钦、扎仓一级管理组织用房和其下属僧众的宗教活动建筑结合在一栋大型建筑里的形式，即成为黄教寺院措钦或扎仓的定制。元明以来，黄教寺庙佛殿的发展呈现两种趋势：一是各教派为了招来更多的信徒并显示自己的实力，佛像越造越大，高度超过 7 ~ 8 米甚至 10 余米，如扎什伦布寺的强巴佛像；二是活佛圆寂以后，多修建灵塔祀殿供奉保存骨灰或者尸骸的灵塔，供信徒膜拜，形制如独立的佛殿。供奉大佛及灵塔的殿堂面积不大，但内部空间很高，有二三层甚至四五层，其内部空间竖向发展。扎什伦布寺的历代班禅灵塔殿和强巴佛殿正体现了这两种趋势。寺庙整体建筑面南偏东，主要殿堂有措钦大殿、强巴佛殿以及历代班禅灵塔殿，每一座大殿都有其独特的历史和作用，可谓一殿一史。

（1）措钦大殿

措钦大殿（图 5-1、图 5-2）即扎什伦布寺的大经堂，是扎什伦布寺最早的建筑，

图 5-1 措钦大殿南立面 图 5-2 措钦大殿东立面

始建于 1447 年，至 1459 年落成，可容僧众 3 800 人，是全寺佛事活动的中心，也是扎什伦布寺最早的建筑之一。这座三层高的佛殿不是一世之功，根敦珠巴在兴建扎什伦布寺时只修建了措钦大殿的一层，四世班禅时期将其扩筑为三层建筑并在其上修建了金顶，此后经过数代人的维护与修缮，措钦大殿才呈现出今天的面貌。

措钦大殿北部地势较高，比南面与东面高了将近 3 米，有南面与东面两个入口，南面地势低一层，从南大门进入后要爬一层木梯才能进入大经堂，门厅左右为厨房与仓库。经堂面阔九间、进深七间，用 48 根（8×6）朱漆大柱支撑（图 5-3）。中间柱距较宽，中央供奉着一个精雕细刻、庄严精美的宝座，这就是班禅大师的宝座（图 5-4）。经堂平面为矩形，以墙、柱混合结构承重，殿内柱网密布，殿堂采用中轴对称，为大殿内部最大的部分。大殿的中央有面阔 5 间、进深 3 间的空间升高，在南面及两侧开高窗采光。支撑此空间的八根柱子比周围支撑楼板的柱子直径小。明代以后聚会殿后面的佛殿，已由早期的一间发展为一排数间，其

图 5-3 措钦大殿内景 图 5-4 班禅大师宝座

面阔与经堂相当。15 世纪后发
展为在经堂之后有一排数间佛殿
的做法，且取消经堂左右的佛殿，
总平面呈方形或长方形。扎什伦
布寺的措钦大殿格局就是如此，
经堂后面的三间佛殿由东至西依
次是度母殿、释迦牟尼殿、强巴
佛殿。经堂中主供释迦牟尼镀金
佛像（图 5-5），高 3 米，是由

图 5-5　措钦大殿内释迦牟尼像

四世班禅为其师喜饶僧格而建。据说像体内有释迦牟尼的舍利，还有根敦珠巴的
经师喜饶僧格的头盖骨以及宗喀巴的头发。主供佛像两侧为佛祖八大弟子像。讲
经场四壁为宗喀巴、克珠杰和根敦珠巴"师徒三尊"及历代祖师、大论师的画像，
以及四大天王、各种飞天护法和释迦牟尼参禅图。尤其是释迦牟尼参禅图，以其
丰富的内容、生动的形象、精细的画工、绚丽的色彩赢得了世人的赞许。这些壁
画或组合成组，或三两相映，其间又以山水、法螺、猛虎等佛家吉祥物交相辉映，
是极为罕见的艺术珍品。在大殿的左侧，是阿里古格王觉扎本德于 1461 年资助
扩建的大佛堂，佛堂中间供奉着一尊高 11 米的弥勒佛像，佛像面部形态慈善和蔼、
端庄娴静，是由藏族工匠与尼泊尔工匠共同塑造的。弥勒佛像两旁是一世达赖根
敦珠巴亲自塑造的观音菩萨和文殊菩萨像，也是扎什伦布寺里最古老的塑像，分
别象征着藏传佛教里的达赖和班禅。在大殿的右侧，则是度母佛堂，堂内安放着
高 2 米的白度母铜像。在西藏文化里，度母被称为"卓玛"，是观世音菩萨的化身。
以颜色来区分，现为二十一尊度母，其中，最受人们尊敬的是白度母和绿度母。
白度母在西藏人民心目中的形象是十分优美的：她头戴花冠，发髻高耸，双耳坠
着大耳环，上身斜披络腋，双脚盘坐在莲座上，左手持莲花，右手掌外向，表现
出一种慈悲为怀的形象。传说白度母聪颖过人，又以慈悲为怀，愿意帮助人们渡
过难关，所以人们有难总爱求助于她，并亲切地称她为"救度母"。在白、绿度
母背后则是二十一度母的壁画。经堂（图 5-6、图 5-7）的整个环境弥漫着一种
修行炼法的浓厚古韵 [1]。

1 喻淑珊 . 中国文化知识读本——扎什伦布寺 [M]. 长春：吉林文史出版社，2010.

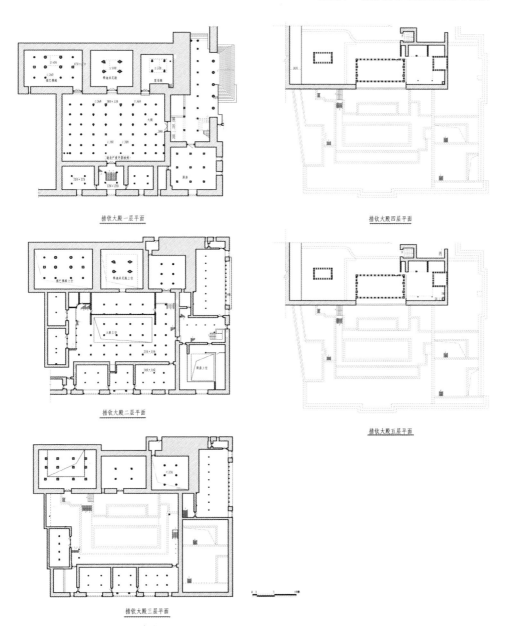

措钦大殿一层平面

措钦大殿四层平面

措钦大殿二层平面

措钦大殿五层平面

措钦大殿三层平面

图 5-6　措钦大殿平面测绘图

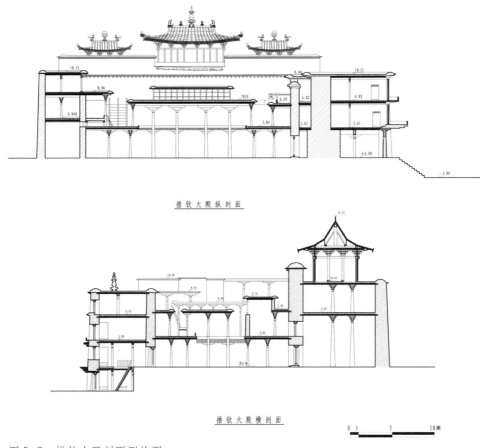

措钦大殿纵剖面

措钦大殿横剖面

0 1   5   10米

图 5-7 措钦大殿剖面测绘图

　　大殿的墙体为砌石垒筑，下宽上窄，收分很大。立面呈等腰梯形，显得稳固而庄重。东立面是藏式传统建筑模式"二实夹一虚"，南北两侧为石墙，中间夹一个阳台，木制结构向外挑出，披上黑白相间的帷幔，在强烈的阳光下与绛红色的墙体形成鲜明的对比，烘托了大殿圣神的宗教气氛。

　　南向的门廊外设四根八角棱柱，通过一座十一步的宽大台阶连接到大殿东侧的讲经场，讲经场是一个由回廊构成的院落，地面由大块滑石砌成，占地 600 多平方米（图 5-8）。这里是全寺僧人聆听大师弘法布道的场所，也是扎什伦布寺最重要的室外空间。平日午饭前，喇嘛们都会聚集在主大厅内学经，下午进行辩经。同时这里也是节庆和佛事活动的中心，站在那里看着来来往往的信徒和僧众，别有一番情趣。庭院中间竖立着一个巨大的经幡，讲经场四壁凿有佛龛，内有佛教祖师、四大天王、十八罗汉、八十位佛教高僧及各种仙女、菩萨等塑像数千尊，且细细看去，却无一雷同。

图 5-8 措钦大殿东侧的千佛廊院

讲经场面四周附属十几座殿堂（拉康）：甘珠尔拉康、德庆拉康、噶丹拉康、定结拉康等。位于五世至九世班禅灵塔殿前东南二层的是曲康、俄东拉康、印经室（巴尔康）、卓玛拉康等。四世班禅灵塔祀殿前的佛堂，从东到西依次为汉佛堂、无量寿佛殿、兜率殿、聚会殿和度母殿，其中汉佛堂是七世班禅主寺时创建。

（2）强巴佛殿

在扎什伦布寺西侧，有一座宏大的殿宇，这就是强巴佛殿，藏文叫做强巴康，建于 1914 年，由九世班禅曲吉尼玛主持修建（图 5-9）。

强巴佛殿是一座五层大殿，下面还有两层回廊，殿高 30 米，建筑面积 862 平方米。佛殿全为石垒砌，接缝密实，庄严肃穆。整座佛殿分四大阶梯状，层层收拢高出。每层顶角各卧雄师一尊。上部殿檐系缀铜铃，殿堂以铜柱金顶装饰，

图 5-9 强巴佛殿

图 5-10 强巴佛像

气势雄伟壮阔。强巴佛殿前，经幡高高矗立，直指云霄。殿内供奉着世界上最高的佛像——强巴佛（图5-10）。强巴佛，即汉地的弥勒佛，三世佛中的未来佛。"弥勒"是梵文的音译，意思是"慈氏"。由于强巴佛作为未来佛在信徒心目中的地位非常崇高，因此强巴佛在佛教僧人眼中的形象应该是巨大的。这座世界上最高的铜制坐姿强巴佛像高26.2米，莲花基座高3.8米，佛身高22.4米，肩宽11.5米，佛脸长4.2米，耳朵长2.2米，佛手长3.2米，中指周长1.2米，脚长4.2米，鼻孔可容一人。佛像面部上嵌满了珍珠宝石，眉宇中间有一颗圆圆的"白毫"，是用一颗核桃大的钻石、30颗蚕豆大的钻石、300颗珍珠以及上千粒珊瑚、琥珀、绿松石镶嵌的。为了铸造这尊佛像，共聘请110名工匠花费四年的时间才完成，共计消耗黄金6700两、黄铜23万多斤。强巴佛铜像坐北朝南，俯瞰整个寺庙群宇，是藏族工匠巧夺天工之作。

不同于汉族文化里弥勒佛双耳垂肩、袒胸露腹的形象，在藏传佛教里，弥勒佛却是另一种不同的形象。强巴佛铜像的面庞肌肤细嫩，看上去如有弹性，佛体丰满、线条优美。他盘坐于莲盘之上，端庄秀丽、雍容优雅，给人一种娴静、慈祥的感觉，似乎站在佛像的面前，所有的忧愁都会烟消云散。

（2）灵塔殿

扎什伦布寺的灵塔是历代班禅的舍利塔。舍利，梵语音译为"设立罗"，译成中文为灵骨、身骨，是得道高僧圆寂后经过火葬后留下的结晶体，佛经上说，舍利是一个人透过戒、定、慧的修持，加上自己的大愿力所得来的，只有德行和修为高深的大师圆寂后才能在其骨灰里找到舍利子。藏式灵塔可分为肉身塔和骨灰塔两种，灵塔内供奉的是历代活佛、高僧大德的真身、舍利或骨灰。塔葬在藏区被视为高贵的礼仪，社会和寺院之最上层才能享此殊荣。著名的达赖喇嘛、班禅额尔德尼两大活佛体系的灵塔在藏区可称其之最。

在扎什伦布寺中，修建的历世班禅灵塔祀殿共有八座。五世至九世班禅的灵塔祀殿在"文革"中被毁。四世班禅的灵塔于20世纪70年代重新修建在五世班禅的灵殿内。现存灵塔祀殿共有三座，从东至西依次是五至九世班禅合葬灵塔殿（扎什南杰）、四世班禅灵塔殿（曲康夏）、十世班禅灵塔殿（释颂南杰）。三座灵塔殿一字排开，西连雄伟的强巴佛殿，构成了扎什伦布寺金顶序列（图5-11），成为整个寺庙外部空间的重点，寺庙的建筑群至此达到高潮。

图 5-11　扎什伦布寺金顶序列

1）四世班禅灵塔殿

四世班禅罗桑曲吉（1567—1662）不仅是一位杰出的宗教领袖，而且是一位杰出的政治家，班禅活佛转世系统就是从他开始的。他为格鲁派做出了突出贡献，僧众们为了纪念他，耗巨资建造了这座豪华的灵塔殿堂——曲康夏（图5-12）。

图 5-12　四世班禅灵塔殿金顶

参加建造的各种工匠和役夫共计953人，用时4年4个月零10天（1 666天）建成，共计消耗黄金228.7斤，白银2 761斤，水银52 克[1]，铜7 841克，各种绸缎24 590方[2]，付给工匠和雇工的工资折合粮食为263 518斤（图5-13）。灵塔祀殿高27米，面积为21根柱子的房屋大小，结合了明清的建筑艺术，屋

图 5-13　四世班禅灵塔

顶为重檐歇山式的鎏金瓦屋顶，平屋顶的四角上都插有鎏金经幢。主殿前有一个庭院，庭院周围是一圈两层的廊屋，供管理香火的喇嘛居住、停留。建筑主体有红、

1　藏族重量单位，1克约合28斤。

2　以绸布的口面宽度为长度单位，长度与宽度相等，称为一方。

棕两色构成，下面两层为红色，中间有一段 1 米宽的白色色带，三层是棕色的双层边玛墙。建筑南部中段向前延伸形成凸字形平面，在白色色带的每个墙角处都设有一只鎏金的狮子，象征看守四方的意思。

殿内四壁绘有各式佛教人物的彩绘，正中供奉着四世班禅的灵塔。灵塔高 45 卡[1]，四世班禅的遗体安放在塔瓶之中，塔瓶门内有用白银 22 斤和黄金 89 斤制成的四世班禅等身像，作为众生积德的福田。灵塔内还收藏有其他高僧大德的舍利子、显密经典等。灵塔的外面覆以白银，制成天降塔[2] 的形式。塔的表面镶嵌有钻石、珍珠、蓝宝石、猫眼石、猫眼水晶、松耳石、玛瑙、珊瑚、青金石等各种珍贵宝石 7 773 颗，可见当时扎什伦布寺的富有与信徒的热情。

四世班禅灵塔殿（图 5-14、图 5-15）前的佛堂从东至西依次为汉佛堂、无量寿佛殿、兜率殿、聚会殿和度母殿，其中汉佛堂是七世班禅时期创建的，殿内

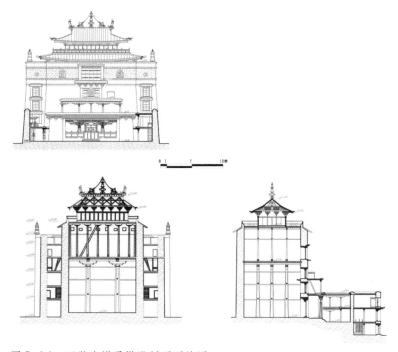

图 5-14　四世班禅灵塔殿剖面测绘图

1 藏族长度单位，为拇指尖和中指尖张开的长度。
2 如来八塔中的一种形式。

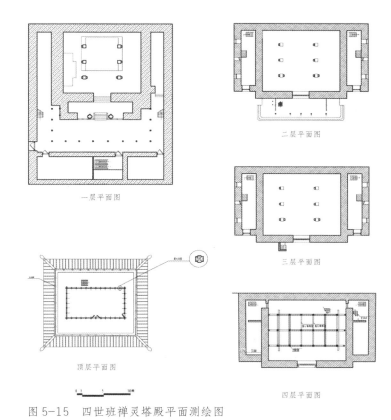

一层平面图

二层平面图

三层平面图

顶层平面图

四层平面图

图 5-15 四世班禅灵塔殿平面测绘图

供奉着清朝乾隆皇帝的画像，反映了西藏与清朝政府的隶属关系。其配殿为内地殿，是历代班禅与驻藏大臣会晤的地方。汉佛堂还珍藏了自元朝以来中央皇帝册封给历代班禅的金册、金印与各种礼品，这是藏传佛教寺庙中唯——座供奉皇帝牌位的殿堂。

2）五世至九世班禅合葬灵塔殿

五世至九世班禅合葬灵塔殿——扎什南杰（图5-16）于 1989 年初建成，历时 3 年零 8 个月，由 1978 年毕业于重庆建筑工程学院的吕晋社负责设计，总面积为 1 933 平方米，高 33.17 米。整座建

图 5-16 班禅东陵扎什南杰

筑以西藏古代宗教建筑风格为主，吸收了明我国清建筑艺术特色和佛教灵塔的建筑形式，灵塔殿外立面由绛红色和棕色两大部分组成。在殿的顶端，覆盖着具有名族特色的金顶，加上一排经幢，金光闪闪，雄伟壮丽，给人一种直插云霄的感觉。其内部依照佛教密宗坛城形式建成。殿内所有梁栋都刻满了各种彩雕纹饰。灵塔殿墙体全部用花岗岩砌筑，厚度达 1.8 米，殿内安装了现代化的灯具。这既体现了古老的宗教建筑艺术，又融入了现代建筑方法，是古代和现代建筑艺术的结晶。

扎什南杰的屋顶全部用紫铜鎏金瓦（图5-17）覆盖，同中国内地及亚洲地区大屋顶建筑采用琉璃瓦和青瓦等材料相比，鎏金屋顶是西藏黄教寺庙大屋顶技术独有的做法。扎什伦布寺以往的灵塔祀殿同西藏其他黄教寺院大屋顶建筑一样，飞檐压得

图 5-17　班禅东陵扎什南杰背面

很低，没有中国传统的大屋顶建筑中基部衬托上部的艺术效果，变成"短脖子"。为改变这种比例失调的造型，在灵塔殿建筑的设计中参考了《清代营造则例》《古建筑的修缮》等古建筑研究资料，改进了斗拱的木作方法，加高大金顶的檐柱，加大二重飞檐下部的虚部面积，从而使"短脖子"舒展开来，使得整座建筑显得比旧时其他同类建筑更加挺拔、雄伟。扎什南杰工程用于金顶、飞檐、灵塔、壁画等处的镀金面积为 1 362 平方米，共用黄金 109 495 克。

大殿正中安放着高 11.52 米的巨大灵塔命名为"拉帕曲丹"（图5-18），塔身以银皮包裹，遍镶珠宝，装饰华美，造型庄严。仅包裹塔身就消耗黄金 217.7 斤，白银 3 338 斤、黄铜 11 277.5 斤。五世至九世班禅遗骨分装在五个檀香木匣内，安放在灵塔的宝瓶里。灵塔内还装有豌豆粒大小的金豆一大一小各一粒，大号白银马掌一幅，各种粮食 33 646.3 斤，砖茶 1 825 块。装入二层塔瓶下部的经论有《甘珠尔》6 套、《丹珠尔》1 套、各宗教大师转经论 1 263 部，还有木刻印刷佛像6 797 张、各种有关经书 595 820 张（3 156 020 回），灵塔正中安放着九世班禅曲

图 5-18　合葬灵塔正面　　　　　　　　图 5-19　合葬灵塔殿内景

吉尼玛的的绸缎像，大殿四壁绘有藏传佛教各教派著名高僧业绩的壁画（图 5-19）。

　　这座灵塔的修建得到了中央以及西藏各级政府和有关部门的大力支持，仅中央就为此拨出专款 600 万元，西藏自治区政府拨款 70 万元，扎什伦布寺投资 100 万元，刚坚发展总公司出资 10 万元，资金总额达到 780 万元。此外，各地信教群众也捐赠了不少金银珠宝。正如十世班禅大师生前所说："班禅东陵扎什南杰的建成，是藏汉两族人民共同劳动的结晶，是西藏广大僧俗人民爱国主义精神的具体体现，是藏汉两大名族团结的象征"[1]。

　　3）十世班禅灵塔殿

　　1989 年 1 月 28 日，十世班禅大师圆寂后，为了弘扬他爱国护教、维护统一的不朽业绩，国家拨出专款修建了一座金灵塔，总投资 6 406 万元。十世班禅灵塔殿释颂南杰（天堂、人间、地下三界圣者的灵塔祀殿）的设计方案采用班禅东陵扎什南杰的原设计方案（图 5-20），选址在扎什伦布寺原六世班禅华丹益喜大师的灵塔祀殿遗址上，总建筑面积为 1 933 平方米，高度为 35.25 米。祀殿主体为钢筋水泥框架结构，用花岗岩砌成，祀殿墙体厚度达 1.83 米。

　　释颂南杰是 20 世纪 50 年代以来国家投资最多、建筑规模最大的一座寺院灵塔。灵塔（图 5-21）以金皮包裹，表面嵌有宝石 868 颗、珠宝 24 种共 6 794 颗，其中大小钻石 4 颗、猫眼石和玛瑙 587 颗、松耳石 1 627 颗、红珊瑚 1760 颗、白珊瑚 587 颗、翡翠 46 颗，还有大陨石 1 个、金制"噶乌"（护身符）13 个、琥珀 445 个。塔内装藏也十分丰富，底层装有各种粮食、茶叶、药材、袈裟等，还

1　宁世群 . 后藏日喀则 [M]. 拉萨：西藏人民出版社，1994.

图 5-20　十世班禅灵塔殿　　　　　　　　　图 5-21　十世班禅灵塔

有各种版本的藏经和历代班禅的经典著作，上层装有佛经和佛像。十世班禅大师的法体安好地放在众生福田的中央，周围摆有各种宗教用品、袈裟、唐卡、佛经、佛像，塔身覆盖具有民族、宗教特色的金顶，再加上一排经钟，显得金光闪耀。灵塔供用黄金 614 公斤，白银 275 公斤。

　　十世班禅灵塔主要有三个特点：有较高的文物价值；体现了名族的传统工艺与现代工艺相结合的最高水平；体现了藏传佛教教义与教规的特点。

2. 扎仓

　　一般寺院建筑内容分为宗教活动场所和僧侣生活居住用房两部分。自 14 世纪黄教兴盛以后，对寺院的管理组织有了较大改革，一些较大的寺院分成寺院、扎仓、康村等三级管理，对寺院的经济、学经等方面也各有一套管理组织，这些管理组织有各自的办事、贮藏、生活杂物等的附属建筑。由于寺院分措钦（寺院级）—扎仓（经学院级）—康村（地域性的僧侣组织）三级管理模式，寺院内的经学院将管理机构用房、僧人聚会殿（习经的经堂）以及佛殿三者结合在一幢二层或三层的大建筑里，称之为"扎仓"。扎仓既是经学院的管理组织名称，也是经学院管理组织机构驻地和该学院僧众专用的习经聚会的殿堂。这种集佛殿、聚会殿和管理机构用房于一体的建筑形制始于明代，并完成了定型。扎仓是格鲁派寺庙的重要教育单位，亦称"经学院"，相当于现代大学里的一个学院。大型寺庙一般有多个扎仓，且各扎仓之间具有一定的独立性和自主性。格鲁派修习讲究先显后密，因此，扎仓就有显宗扎仓与密宗扎仓之分。

　　（1）吉康扎仓

　　扎什伦布寺历史上有四座扎仓，分别为托桑林扎仓、夏孜扎仓、阿巴扎仓和吉康扎仓。夏孜扎仓主供宗喀巴之壁画像及镀金释迦牟尼铜像、六臂怙主等。托桑林扎仓的大殿经堂共有 24 根大柱，西侧净室内供释迦牟尼佛像、十一面观音等，东侧净室内供三尊像及天女护法神等。阿巴扎仓为全寺的密宗学院，是由四世班禅罗桑曲吉坚赞于 1615 年兴建的。吉康扎仓主供佛祖释迦牟尼及其八大弟子、扎日玛尊者、姊妹护法神等。其中位于寺庙东北角托桑林、夏孜扎仓已毁，只剩下土黄色的残垣断壁，阿巴扎仓也重建于 20 世纪 90 年代，吉康扎仓为扎什伦布寺仅存的最古老的扎仓之一。

　　吉康扎仓由一世达赖根敦珠巴创建于建寺之初，位于山麓台地下的平地上，处于全寺的中部，平面呈十二折角方形，有坛城的寓意，其形象体现出了"曼陀罗"的图解及深刻内涵。曼陀罗（图 5-22）起源于印度佛教的一种密宗本尊及眷属聚集的道场，在修习密法时筑起一方形或圆形的土坛，坛中聚集具足诸尊大德成一大法门。佛教徒认为区内充满诸佛、菩萨、圣者，故亦称聚集、轮圆具足。梵语的"曼陀"为本质之意，"罗"为成就之意，合起来为本质的成就，即代表佛陀自觉的境界、佛自证的秘密庄严世界。曼陀罗有多种平面图形及立体造型，用图像、图解、模型等形式来显示佛理。

图 5-22　十世班禅灵塔殿内的坛城藻井

　　这座三层的建筑（图 5-23）总计 1 472.3 平方米，东面和南面分别设有入口，门廊后为扎仓的经堂，面阔 7 间，进深 5 间，越靠近经堂中心柱距越大。经堂通高三层，高窗南面采光。同措钦大殿一样，在经堂的背面也设有三间"房中房"，中间的一间佛堂通高两层，左右房间均为仓库。三层的北部设有三间佛堂，依次为护法神殿、

图 5-23　吉康扎仓南立面

吉祥天母殿和本多拉姆殿。东南西三面的廊坊均为僧人的附属用房。

吉康扎仓（图 5-24）是扎什伦布寺的"宗教哲学学院"，以研习显宗经典为主。扎什伦布寺的经学主要传承于宗喀巴大师，在历代班禅的努力下形成了自己完善的学经系统，而宗教哲学是扎什伦布寺的重点学科之一。这座朴素的建筑其实是扎什伦布寺中等级较高的学府，只有拥有格西学位的僧人才有资格在这里活

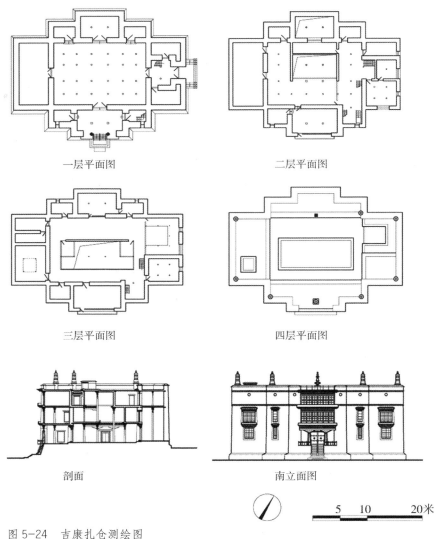

一层平面图　　　　　　　　　　　　二层平面图

三层平面图　　　　　　　　　　　　四层平面图

剖面　　　　　　　　　　　　南立面图

5　　10　　　　20米

图 5-24　吉康扎仓测绘图

动，它的教育意义要远大于其宗教意义。"文革"期间，托桑林扎仓与夏孜扎仓被毁后，其习经僧人一并归入吉康扎仓，这也提高了吉康扎仓在寺庙中的地位。笔者在考察时看见，这里有很多年龄在 10~15 岁之间的小喇嘛在屋顶的过道里席地而坐，参

图 5-25　辩经场辩经的僧侣

阅经文。他们时而专注冥想，时而低声探讨，周围充满了浓厚的学习气氛。

　　吉康扎仓的前院为扎什伦布寺的辩经场，是专供僧人辩经的场所（图 5-25）。辩经指按照因明学体系的逻辑推理方式，辩论佛教教义的学习课程。藏语称"村尼作巴"，意为"法相"，是藏传佛教喇嘛攻读显宗经典的必经方式。辩经不仅是日常学习内容，也是学位考试的主要方式。辩经场是一个高差 2 米的庭院，地面用青石板铺成，里面载有许多参天古树，繁茂的枝叶遮蔽了强烈的阳光，为辩经的喇嘛们提供了理想的室外环境。每次辩经前，前来辩经的喇嘛们会按扎仓分组分坐在树荫下等待，辩经开始后，整个辩经场一片沸腾，场面激烈、壮观。几十个喇嘛或坐或站形成一对一的方式，站着的是提问者，坐着的负责回答问题。提问者每次提问时，先退后几步，跟着右手把念珠一甩，套到左臂上，前跨步，右手高高举起，用力一拍左手，击掌声便响在了坐着的喇嘛头上或额前。击掌有三个作用，一是表示现在向你提问，请你赶快回答并向其致敬；二是通过击掌象征打压住自己内心的私欲与杂念，净化自身的灵魂；三是要在气势上威慑对手。双方你来我往，唇枪舌剑，整个场面精彩至极。此刻所有寺庙里的游人都会被响声吸引过来，一睹辩经的风采。

　　（2）阿巴扎仓

　　阿巴扎仓就是扎什伦布寺的密宗院。根据资料显示，扎什伦布寺建寺之初，密宗院设在位于吉康扎仓北面的色康内，四世班禅时期，将密宗院迁移至拉章的北面，后被毁坏，现有建筑是 20 世纪 90 年代在原址上重建的（图 5-26）。密宗

院位于整座寺庙北面的山坡上，这座建筑呈阶梯状上升，共分为三个"台阶"：

第一层"台阶"为扎仓的院落。密宗院的院落比路面高出 2 米左右，长度较长，但进深不大，呈细长形，站在院落外面无法看到其主体建筑的南立面，门开在院落的两侧（图 5-27），这可能与密宗的修行方式有关，不希望外人观察到其内部的活动。院落南侧设有一圈外廊，在靠近两侧大门处设有一间小房间作为门房。

第二层"台阶"为扎仓的经堂（图 5-28）。经堂的地坪比院落又高了 1.8 米，由院落经 8 步台阶步入经堂的门廊，门廊用 2 根 12 角大柱与 4 根方柱撑起，门廊

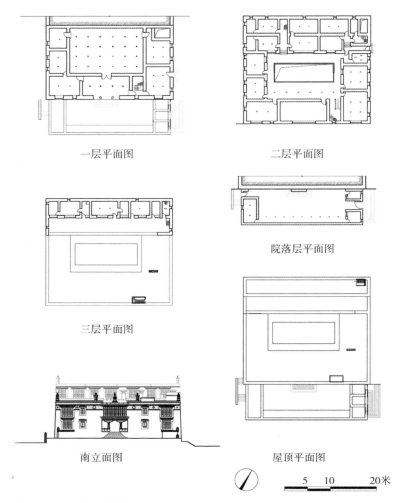

一层平面图   二层平面图

院落层平面图

三层平面图

南立面图   屋顶平面图

5   10   20米

图 5-26 密宗院测绘图

图 5-27　密宗院东门

图 5-28　密宗院经堂内画坛城的僧侣

右侧经楼梯间后是扎仓的厨房。经堂高 3.6 米，为 4 排 6 列 24 柱的形制，第 3 排中间 4 根柱子较粗，用于撑起经堂中央高出屋顶的高窗。密宗院的经堂不设佛殿，东西两侧的房间均用做仓库，立面存放有密宗法事活动时用的特殊法器。

　　第三层"台阶"为与扎仓结合在一起的僧舍（图 5-29）。僧舍高 2 层，由经堂的屋顶进入。这部分建筑的墙体被涂成了黄色，这代表这栋建筑的等级比一般白色建筑的等级要高。一是因为密宗的修行在藏传佛教格鲁派先显后密的学经制度中属于较高的级别；二是这栋建筑内所住僧侣的等级较高，里面住的都是密宗大师，平日里许多藏民都会带着贡品来这里拜访他们，祈求他们的祷告。这部分

图 5-29　密宗院西立面

图 5-30　密宗院上层僧舍

僧舍也是在笔者测绘的僧舍中条件较好的（图5-30）。

3. 拉章与康村（米村）

（1）宫瑟

僧舍是一般僧人的生活住所。藏传佛教寺庙也和世俗社会一样，内部等级森严。活佛是寺院的上层统治者、富有者；一般僧众是被统治者、贫困者，二者的居住条件差异很大。活佛一般居住在寺院中的高楼大厦中，活佛的居处称为拉章（拉让或拉丈），但是最大的活佛达赖和班禅的住所不称"拉章"而称"颇章"，意为宫殿。扎什伦布寺是班禅的母寺，寺内有班禅的住所，名为"坚赞团布颇章"

图5-31　班禅拉章

（图5-31），也称拉章。班禅拉章位于措钦大殿的北面，班禅合葬灵塔殿的西面，是班禅大师驻锡宫殿楼。初建于第一世达赖喇嘛根敦珠巴时期的15世纪初，后经历代班禅扩建、维修，形成了现在的规模，初建时为两层高，现在为五层楼。

由于未能得到颇章内部喇嘛的批准，笔者此次调研未能测绘该建筑，实为一大憾事。不过后来了解到，这栋建筑在扎什伦布寺内的地位确实非常特殊，它不仅仅是班禅的官邸，也是寺庙管理的中心，过去负责管理班禅辖区21个宗（谿）、6个谿卡、10余万农奴。班禅"拉章"，有行政权和司法权。这座高4层的建筑物内设"益仓"（秘书处）、"桑加列空"（审计处）和各庄园的管理机关。班禅日光宫位于建筑的最高处，内有卧室、经堂、佛殿和辅助用房。

在四世班禅灵塔殿与十世班禅灵塔殿之间有一栋体量巨大的白色建筑，名为宫瑟（图5-32）。其等级与形制与前面的颇章极为相似且，处于同一等级序列上。相传是七世班禅丹白尼玛的住宅楼，初建于1816年。整座建筑高达六层，局部七层（图5-33）。由于山体坡度加大，宫瑟的入口设在北面三层，正对寺内的转经道。由此进入后是一条通廊直达建筑二层的屋顶。屋顶上有三个较大的天窗，最东边的天窗上覆金顶，天窗下均为经堂，又于屋顶的西南角加盖了三间平房作

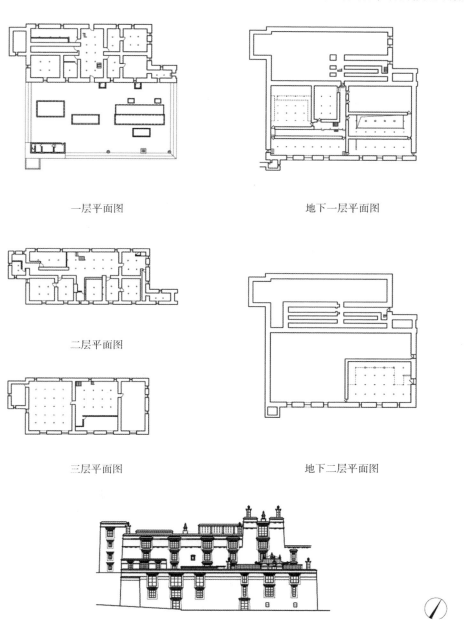

一层平面图　　　　　　　　　　地下一层平面图

二层平面图

三层平面图　　　　　　　　　　地下二层平面图

南立面图

图 5-32　宫瑟测绘图

图5-33 宫瑟南立面　　　　　　　　图5-34 宫瑟内部

为厨房。室内通廊作为交通空间，两侧为僧舍，经堂设在下面的一二层，有许多小喇嘛在其间学习。宫瑟内部装饰豪华（图5-34），壁画绚丽，且收藏有许多"师徒三尊"的铜塑，其等级高于其他僧舍。班禅的夏宫德庆格桑颇章（意为大乐宫）及功德林在日喀则西部、扎什伦布寺以南，每年夏季班禅都会前往居住一段时间并在那里处理公务。

在西藏黄教大寺院及重要寺院内，还设有达赖与班禅的拉章，目的是供达赖与班禅前来巡视时使用，相当于行宫。这些拉章规模有大有小，目的是为了表明该寺院与达赖或班禅有联系，以提高寺院的宗教、社会地位。

（2）康村（米村）

康在藏语里意为房子，康村是黄教寺庙内三级管理的基层组织，是扎仓属下的学经单位和管理机构，设吉根（长老）总理康村事物，下有欧涅、格贵、贝恰娃等分掌康村内僧众财务、诵经及生活管理等事宜。它是以僧人原籍所在地为单位划分的，当一个僧人进入扎仓后，要按照其家乡的地域分配到所属的康村中。大的康村还可再细分为若干个米村。康村与米村的建筑主要由僧舍及其附属建筑及院落组成，大部分的康村、米村中不设佛殿而设经堂，将佛像供奉于经堂内，有些较小的康村与米村甚至连经堂也不设。康村、米村一般由主体建筑和附属廊房围合成的院落组成，有些康村、米村仅为独栋碉楼。主体建筑的平面形制主要分为两种：一种是长廊形，中间设有一条走廊作为交通空间连接南北向的房间，走廊的尽头设有厨房和厕所，楼梯设在廊内，上下位置并不对齐，如多吉长康；另一种平面呈"回"字形，中间设有天井采光，围绕天井布置房间，如色庆长康。无论哪一种僧舍都十分注意对南向阳面的利用，藏区空气稀薄，气候寒冷，冬季需要大面积的采光来提高室内温度，所以南向一般用做居住，北面的房间作为附属用房。有些康村因为地形与历史的原因，平面呈不规则形，如本仓长康（图5-35），北面布局呈阶梯状。

图5-35　本仓长康北面

加康巴康村是扎什伦布寺中面积最大的康村（图5-36），位于寺院西片南端，始建于17世纪四世班禅时期，总面积近7 000平方米，是四川与康巴藏族僧侣的住所。康村东南面是三层的廊房，西面是孜南加扎仓（也称孜公康），属于密宗，也是扎什伦布寺的护法神殿，专门为班禅大师诵经修法而建（图5-37）。扎仓大门朝西，仍是前廊、中殿、后佛堂的三段式风格，经堂面阔7开间，进深5开间，柱距无明显变化，门廊上部突出二层屋顶向南开窗采光，经堂内部装饰华丽并设有许多佛龛，在此修行的僧人每年要举行三大修法仪轨：藏历元月念诵《大威德经》；藏历四月念诵《金刚经》；藏历五月念诵《金刚顶经》。此外他们还需要学习使用许多特殊的法器和乐器以便在某些特定的宗教节庆中表演。北面的僧舍由两栋条形的碉楼相错而成，用连廊相连，均为四层，南面碉楼因地基地形较低做了半层地垄。内部僧舍面积不大，多为一根柱子的房间，每一间的面积在12平方米左右，布局基本与民居卧室相同。僧人一般将床、藏柜置于窗下及两侧墙角，大多数僧人的房间都设有佛龛与经架，置于房间的北

图5-36　加康巴主楼

图5-37　孜公康内景

面，室内中央会摆一个火炉烧水或取暖。有的僧人为了美化自己的生活环境会在房间的窗台上种植一些花卉（图5-38）。僧舍的一层为地垄，根据地形的变化分为地下、半地下、地上三种形式，一般用做仓库，存放一些生活用品，如木材、用做柴火的牛粪干等，寺庙也会将某些特定的物品

图 5-38　修理盆栽的僧人

存放在特定的康村的地垄里，如敏吉的地垄里就存放着数百套原寺庙僧兵的盔甲。寺庙内大多数僧舍的地垄因为年久失修、无人过问而破损严重，许多甚至已经废弃，难以进入。

康村的等级高于米村，但在调研过程中笔者发现一些较大米村的形制与规模都要高于普通的康村。如哈东米村（图5-39），原为蒙古僧人17世纪所建，是寺庙内蒙古籍僧侣的住所，隶属于托桑林扎仓，总建筑面积3 300平方米。其门廊内的两根八角柱雕刻精美，边玛墙及门窗的檐部均采用了等级较高的做法，门廊内的壁画精美绝伦，有宗教人物的，也有反映蒙古族生活的。整座建筑的等级均在普通康村之上

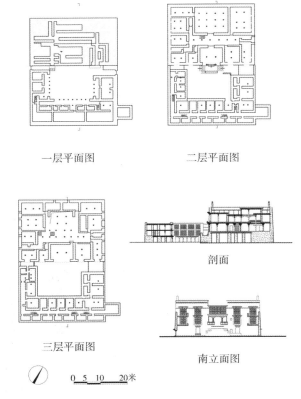

一层平面图　　　二层平面图

三层平面图　　　剖面

南立面图

0　5　10　　20米

图 5-39　哈东米村测绘图

（图 5-40）。究其原因，主要是因为格鲁派寺庙分为措钦—扎仓—康村（米村）的三级管理模式，各级组织在经济上是相对独立的，康村所属的米村也是独立的经济单位。固始汗统一卫藏后，继续对反对格鲁派的势力进行打击，强令在藏巴汗一方的噶举

图 5-40 哈东米村南立面

派寺院改宗格鲁派，这样格鲁派的寺院数和僧人数目大量增加，寺属庄园和属户亦随之猛增。固始汗又将卫藏地区十三万户每年缴纳的税收，以"布施"的形式奉献给了达赖喇嘛，作为格鲁派寺院宗教活动的费用。这实际上是把卫藏地区的经济大权交给了格鲁派，从而确立了格鲁派在各教派中的统治地位。1641 年后，固始汗把后藏的许多庄田献给扎什伦布寺，以为供养。因此寺庙对蒙人、康人特加优待，而对于不甚合作的藏人则难免歧视。因此在扎什伦布寺的四处扎仓内的每个康巴康村和蒙古康村，都受到恩惠，尤其显著的是托桑林扎仓中的哈东米村和由康巴、四川僧人组成的加康巴康村。

（3）长康

长康是康村中比较特殊的一种，是专门供旧时贵族或有钱人的子女入寺为僧时的住所，也有些原是高级僧侣与大贵族、地主的住宅，或是当地的官府建筑，归属寺庙后多沿用其旧名。扎什伦布寺中除了康桑庆莫和潘德康萨两栋建筑位于寺庙的东部以外，其余六栋长康均位于寺庙的西部。敏杰与德庆长康两栋独栋碉楼建筑面积较小，其他六栋面积均超过 1 000 平方米，甚至达到 2 000 平方米，在寺庙的僧舍建筑中算是比较大的。这可能是因为贵族与高级别僧侣的等级较高，经济条件好，仆从或带的徒弟相对较多，所以需要较大的住所。

从历史角度看，这些长康建筑多修建于 17 世纪（四世班禅时期）和 20 世纪初（九世班禅时期），这两个时期寺庙的发展比较快，僧人数量增长明显，因此新建了许多建筑。寺庙的占地面积需求随之大大增加，原来围绕寺庙修建的贵族住宅便成了寺庙扩张的制约因素。但在笃信佛教的西藏，神高于人，故寺庙可以

将这些建筑纳入自己的范围，用做僧舍。这些建筑由于面积较大，内部装饰较好，且处于寺庙的外围，是相对比较清静的场所，满足了佛教僧人静修的需要，故被一些高僧大德和贵族僧侣看中，作为自己的僧舍。当然，并不是所有的大师和贵族僧侣都住在长康内，他们中有的也分散在各个康村中。

图 5-41　传统工艺边玛墙

这些建筑与其他僧舍在外观上并没有太大的区别，但是它们建筑的檐部都是传统工艺的边玛墙。边玛墙是在一些特定的建筑才可以装设的，在政教合一制度的旧西藏，寺院的重要建筑才有边玛墙、金顶、宝幢、宝瓶的待遇，因为宗教

图 5-42　仿制边玛墙

至高无上，人们把最美好、最上乘、最崇高的礼遇献给佛的场所。故在扎什伦布寺的佛殿上部都有双层的边玛墙，高度一般约占墙体高度的 1/4，其上还会装饰一些金轮与宗教符号（图 5-41）。寺院里其他的建筑，如扎仓与康村、米村等也可以修筑边玛墙，但是由于制作边玛墙的材料稀缺、工艺繁琐、成本高昂，不是所有的僧舍都可以负担起这项费用。除了一些历史悠久、财力充足的康村、米村保留有传统工艺制作的边玛墙以外，其他僧舍都采用了在建筑上部用棕色涂料涂抹一道色带来代替边玛墙的做法，这类僧舍占扎什伦布寺内僧舍建筑的大半（图 5-42）。不仅出于宗教意识，还为了突出其统治阶级的地位，原为贵族住宅的僧舍都采用制作传统边玛墙的做法来提高建筑等级（表 5-1）。

表 5-1　扎什伦布寺长康现状

建筑名称	建筑年代	建筑面积（平方米）	边玛墙	性质
多吉长康	17 世纪	1 273.2	传统工艺	贵族子女僧侣住所
罗布长康	百年历史	1 608.4	仿制	贵族住宅，官府之一
甘丹热杰	17 世纪	1 132.4	传统工艺	原为大贵族住宅
德庆长康	17 世纪	490.4	仿制	原为大贵族住宅
敏杰	百年历史	605.5	传统工艺	高等级喇嘛的住宅
本仓长康	百年历史	1 932.5	传统工艺	贵族住宅，官府之一
康桑庆莫	17 世纪	1 412.5	传统工艺	原为大贵族住宅
潘德康萨	不详	2 062.2	传统工艺	大贵族潘德康萨的住宅

4. 附属用房

寺院内除了满足佛事活动的殿堂建筑和满足僧侣居住生活的僧舍建筑外，为了满足寺庙内的营造活动以及寺院的产业发展而修造了一些工房、仓库等附属用房，随着时代的发展，又陆续建起了配电房、车库、医院等配套用房。这些建筑大多是一层，多建于 20 世纪，集中于寺庙的西南角，整座寺庙形成了一套完善的供应保障体系。

第二节　建筑单体平面形制

陈耀东先生在《中国藏族建筑》一书中将藏传佛教建筑的发展分为发展初期、发展中期、繁荣期和后期四个阶段：

发展初期：从后弘期开始（10 世纪）到 1247 年萨迦派代表西藏各地方势力会见成吉思汗之孙阔端，代表西藏地方向中央政府确立臣属关系。这一时期寺庙的特点是：寺院数量多、分布范围广，在整个藏族的居住区都有寺院；寺院里有常住的僧人，建筑的内容包括佛殿、佛塔、僧舍等，寺院粗具规模；出现了高大的佛殿；佛殿的外周设一条供朝佛者礼佛的转经道，并在佛殿前设廊院或经堂。发展初期是各教派竞相发展的时期，这一时期的代表寺庙有萨迦寺与托林寺。

发展中期：自 13 世纪中叶至 15 世纪初，即萨迦派取得西藏统治地位至帕竹政权取得政权、格鲁派创立前这一段时间。这一时期寺院的特点是：有的大寺院作为宗教活动场所的同时也是地方行政管理的中心；佛殿平面形状向横向发展，或将横向长形的建筑内分隔成几个单间的佛殿，佛殿的外侧及后部均设转经道；佛殿与经堂相结合，经堂面积明显大于佛殿，这样的结合增大了建筑的体量，创造出了高大雄伟的建筑；卫藏地区已完全用藏族传统的民族形式表现寺院建筑，同时吸取汉地建筑文化丰富寺院；主殿多朝东。这一时期主要寺庙有萨迦南寺、夏鲁寺（图5-43）、那塘寺等。

图 5-43　夏鲁寺

繁荣期：自 15 世纪格鲁派（黄教）兴起至 18 世纪中叶（1751）清廷在西藏废除藏王制，正式建立西藏地方政府（噶厦）时止，共约 350 年。这一时期寺院建筑的特点是：寺院数量大增，拉萨三大寺与扎什伦布寺即在此期建成；占地面积大、僧人数量多、习经制度完善的大寺院出现；寺院的建筑内容日趋完善；措钦、扎仓等寺院管理机构设在该组织属下的佛殿、聚会殿的宗教性建筑里；这一时期由于寺庙僧人数量大增，大面积殿堂开始出现，如甘丹寺、色拉寺的措钦都是 102 根柱子的殿堂，哲蚌寺措钦是 184 根柱子的殿堂；高层佛殿兴起并使用金顶，如扎什伦布寺内的灵塔殿；出现了大体量的佛塔，如昂仁日吾其金塔；黄教寺院重要殿堂方向一般朝南。

后期：时间自 18 世纪中叶至解放前。这一时期西藏内忧外患，屡遭外族入侵，社会停滞不前，宗教没有发展，宗教建筑的发展也就停滞下来。新建的寺院几乎没有，仅进行了一些维修和不得不做的扩建[1]。

扎什伦布寺属于繁荣期建设的寺庙，这一时期所建设的格鲁派大型寺庙各类建筑都遵循了严格的等级制度，形成措钦大殿（寺院级）、扎仓（学院级）、康村的佛殿与经堂（康村级）三个等级的学经机构。这一时期扎什伦布寺建筑平面形制发展了自身的特点。

1. 措钦大殿平面形制

由于寺庙僧人的数量不断增加，僧人集中学经的经堂面积也不断扩大，并形成了前堂后殿的模式，如扎什伦布寺的措钦大殿由前廊、经堂与佛殿三部分组成。

---

1 陈耀东.中国藏族建筑[M].北京：中国建筑工业出版社，2007.

前廊作为朝拜者进入经堂与佛殿的准备空间，通常会在四壁绘制一些与本殿相关的宗教图案。经堂作为僧侣日常习经的场所，四壁不开窗，为满足通风采光的需要，在经堂中部用长柱撑起中间的屋顶达到两层的高度，东西北三面用木板封住，仅在南面开窗。这样做的效果可以使一缕缕的光线从一个方向照射在经堂的中央，达到了中间亮、四周暗的效果，很好地营造了神秘的宗教氛围。二层一般围绕天井形成回廊，四周的房间为佛殿或禅室。佛殿一般高三层，大门直接开向经堂，其内供有各式佛像。取消殿内的转经道，取而代之的是寺内的转经道与环寺的外转经道。大殿内不设转经道在格鲁派后期已是非常普遍的做法，但在建寺之初却降低了扎什伦布寺措钦大殿的等级，这可能是根敦珠巴有意为之，让扎什伦布寺的等级处于拉萨三大寺之下。

2. 佛殿及灵塔殿平面形制

佛殿是供奉神佛的场所，扎什伦布寺的强巴佛殿延续了从吐蕃时期就形成的在佛殿内朝佛环绕的方式，供奉的强巴佛像占据了佛殿中心大部分的位置，四周仅留一条单人通行的环道。佛殿二层以上设有回廊，用于连接主殿两侧的配殿。佛殿的南侧都有廊房围合而成的院落，廊房主要为看护佛殿的僧侣提供住所以及存储佛殿的物资。院落则起到了一个过渡空间的作用，其地坪比佛殿低，站在院落里可以仰望到佛殿内的灵塔。佛殿的平面形制比较简单，多以方形为主，这主要取决于其功能的单一性。

3. 僧舍平面形制

扎什伦布寺里的僧舍主要分为院落式与独栋式两种。

院落式僧舍以院落组织康村（米村）内的人流，具有较强的独立性与私密性。建筑分为主体碉楼与廊房，碉楼一般 2～5 层，廊房为 1～4 层，碉楼总是比廊房高，通过高度与层数来区别建筑的主次。碉楼一般为内廊式，一层用做仓库，二层以上的南面房间为僧舍，多开落地大窗；北面用做仓库与厨房，开有小窗。二层以上设有旱厕，一般位于长廊的尽头，其平面多凸出与建筑主体的矩形平面，是一个独立的空间，这主要是出于旱厕上下错位的空间需求考虑。但是也有部分僧舍的旱厕设在北面的房间内。廊房一层基本用做仓库，二层为僧舍。经堂一般设置在主体建筑内，供康村内的僧侣学经，也有少量的康村经堂设在廊房内。

独栋式僧舍规模上要小于院落式，与院落式主体建筑相似，平面分为沿内廊南北两侧布置房间的条形平面和围绕中央天井布置房间的"回"字形平面。有些独栋式僧舍也有围墙围合的不设廊房的院落。

第三节　建筑形体与色彩

1. 形体稳固

收分的墙体与柱网结构是构成藏式建筑在视觉和构造上稳定的基本因素。藏式建筑的一个柱网（开间、高度、进深）的空间近似一个正立方体。寺庙内的每一栋建筑，无论是高大的佛殿还是山脚下平顶的僧舍，都是以这种柱网形成的立方体组合而

图5-44　日喀则宗山城堡

成的不同长度、宽度、高度的大立方体。石、土外墙均有明显收分，特别是建在半山腰上的佛殿建筑，外部石墙收分更大，建筑立面似等腰梯形，形体就像一个墩台，从外观及建筑材料上来看，极为稳固，给人凝重的感觉（图5-44）。这种结构稳定的建筑物仿佛是从山体里生长出来，是山体的一部分，给人一种力量与永恒的映像，突出了建筑的尊贵显赫的地位。

2. 体量巨大

大的尺度与体量可以使人产生宏伟雄壮的感觉，当建筑的尺度与体量足够大时，则产生令人敬畏的效果。巨大尺度和体量的建筑及其内部空间，展现出一种令人敬畏、威严，使人心灵震撼的艺术效果。扎什伦布寺建筑群坐落在尼玛山山腰上，依势而生，鳞次栉比，层楼叠阁，蔚为壮观，宛如一座山城（图5-45）。灵塔殿、强巴佛殿矗立在寺庙顶层，红墙金顶，金碧辉煌，人在其下显得如此渺

小，微不足道，突出了神至上至尊，强化了宗教统治力。高耸的强巴佛殿与班禅灵塔殿面积不大，但是佛殿内佛像与灵塔却很高大，占据了佛殿中心位置大部分面积，佛像与灵塔前空间极为局促、紧迫，仅有不到 3 米的进深，信徒们只能在灯光幽暗的夹

图 5-45　雄伟的强巴佛殿

道内绕行礼佛。参拜佛像时，要极力举头仰望，才能看见佛像的面部，产生佛大人小之感。殿堂内通过帷幕与色彩的处理制造一种神秘气氛，灯光一般都很幽暗，唯有光亮的金色佛像显得醒目，以表现"举世浑暗，唯有佛光"的思想，提高对教徒的信仰感化效果。

3. 色彩分明

藏式建筑的窗户与墙顶的檐口极具民族特色。在光洁的大墙面上，只有上部和中央的窗口较大，中央的窗户有时是大于一个开间的大窗，两旁及下部的开窗面积不大，多为竖形窄窗，有的底层甚至不开窗，或仅开一块土砖大的小洞（图 5-46）。在所有外墙的门窗口外，都刷上了黑色的梯形窗套，门窗口的上方，有两重短椽挑出的小雨篷，以此装饰与强调门窗，突出其特点。一些大型建筑的门外常做柱廊，如措钦大殿东侧外廊。门窗檐下一般挂宽约一尺的红、蓝、白三色布幔，在微风下宛如彩色涟漪，建筑的安定与布幔的灵动形成鲜明对比，给建筑带来生机。

图 5-46　藏式建筑开窗特点

寺庙的佛殿建筑与大部分的僧舍建筑的屋顶檐口都采用边玛墙的做法，用来彰显建筑级别。佛殿与灵塔殿等中心建筑使用等级较高的双层边玛：上层较窄，称为"边琼"，下层较宽，称"边金"，边玛墙与下部红色墙体之间用一道白色区分开来（图5-47）。在僧舍建筑屋顶四角插有黑色的用牦牛毛编织成的牦矗，在佛殿的入口及屋顶女儿墙四隅安装有鎏金的法轮、经幢、双鹿、雄狮等（图5-48、图5-49）。扎什伦布寺除了强巴佛殿外，其他佛殿屋顶上均设鎏金重檐歇山顶，是藏地吸收中原地区建造工艺的具体表现，目的是宣扬宗教，炫耀寺院的富有与实力，起到提高寺院在该地区影响力的作用。

宗教建筑的色彩在宗教建筑艺术中占有重要的地位，一座建筑首先带给人们的感觉就是它的形体与色彩。藏式建筑风格独特，在外墙色彩的运用上具有非常明显的特点。

红、白二色是藏传佛教寺庙建筑外墙的基本用色，这与藏族几千年的生活习惯和宗教传统有着密切的联系。藏族人民在漫长的岁月和实际生活中对红、白两色形成了这样的概念："白"指的是乳品，藏语为"噶尔"；"红"指的是"肉类"，藏语称"玛尔"。

到目前为止在藏族牧区仍保持着这样的概念："白"总是与"素筵"相对应，西藏每年藏历七月一日的"雪顿节"就是典型的素筵节日。在西藏苯教仪式上，常用奶酪、牛乳、酥油供奉神灵，因为这三种贡品均为白色，故称"三白"。

"红"在藏族的概念里总是和"荤席"联系在一起，"荤席"藏语称为"玛尔瑞"，

图5-47　灵塔殿墙角

图5-48　鎏金经幢

图5-49　金顶一角

主要用于宴请文武百官及会盟。会盟仪式中需要射杀一头牦牛并将其带血的牛皮作为地毯，会盟双方从牛皮上走过象征会盟成功。西藏古代苯教也十分盛行杀生祭神，藏族建筑涂红的做法即由此演变而来[1]。

"白"是吉祥的象征，代表温和与善良；而红色则是权力的象征，在藏传佛教中，人们常用红色纪念宗教领袖与神灵。扎什伦布寺所有僧舍的外墙均为白色，在耀眼的阳光下非常醒目。红色的用法较为严格，主要是在灵塔

图 5-50　色彩对比

殿、强巴佛殿与措钦大殿等重要佛殿与佛堂的外墙面上涂刷红色，使其在大片的白色建筑群中脱颖而出，给人视觉上带来强烈的刺激（图 5-50）。这些大殿建筑屋顶正中入口上部都设有金色的法轮、双鹿，四角插有经幢，正面的边玛墙上装有梵文的金饰，灵塔殿上均建有金顶，更显得色彩丰富，金碧辉煌。红、白等色彩均为原色，大面积均匀平涂，墙顶用棕色的边玛墙压住，勾勒出建筑的轮廓。在色彩鲜艳的墙面上有规律地缀以黑色的门窗，挑出的窗檐增强了建筑的立面立体感，突出了这些稳重、敦厚的巨大建筑。这些大殿不仅作为寺庙的中心，也是整个建筑群的高潮，让人过目不忘，增强人们对寺庙的崇拜感。

各寺庙的重要殿堂也有涂黄色的习惯，扎什伦布寺中仅有密宗院的后部与原班禅住所普彰色布的外墙被饰以黄色，这与格鲁派僧人穿黄色僧服有关，涂黄色的建筑一般地位较高。不同色彩的运用，不仅在藏族的风俗习惯及宗教内容方面有着重要的意义，而且在建筑艺术中，也达到了庄严、崇高、醒目的艺术效果。

1 木雅·曲吉建才.神居之所——西藏建筑艺术 [M].北京：中国建筑工业出版社，2009.

第四节 扎什伦布寺传统建筑工艺

1. 施工队伍

新中国成立前，西藏没有专门从事建筑设计的专业技术人员，建筑的设计由高级木工师傅或其他在这一方面有专长的人所承担。15世纪，乃东王朝大兴土木，建造了很多宗山城堡，从此，逐步在石工、木工等各工种中设立技术等级。至17世纪末，这种等级分划更详细，工匠待遇也得到较大改善。最高等级的石匠与木匠被称为"石工屋钦"与"木工屋钦"，所有的"屋钦"中还要推举一名"总屋钦"。"屋钦"就是大师傅的意思，一个"屋钦"下面有好几个"屋琼"，"屋琼"就是小师傅的意思。地方政府承认的石工、木工"总屋钦"各一名，可以享受政府官员待遇。雕刻师、画师、金银匠、铜匠均设立"屋钦"与"屋琼"等级，并在这些"屋钦"中各选一名"总屋钦"。在西藏，泥工一般由妇女担任。她们与内地的泥瓦工有所不同，藏族泥工主要承担室内粉砂和外墙面的手指纹粉刷，特别是寺庙殿堂需要壁画的墙壁的制作以及地坪、屋面阿嘎土的打制。她们当中技术水平最高的称为"谢本"，是"泥工头"的意思。在黄教寺庙的兴盛发展过程中，由于兴建大量的寺庙与殿堂，对技术工人的需求也大大增加，于是在班禅与达赖的属地内都设立了许多培养专业技术工匠的组织，由石工与木工的"总屋钦"全权负责[1]。

新中国成立后，西藏城市的面貌日新月异，随着旅游业的发展，对作为全国重点文物保护单位的寺庙提出了要求。为了跟上时代的脚步，扎什伦布寺对寺庙的整修管理工作提出了更高的要求，由十世班禅大师创建了扎什伦布寺古建筑公司。起初主要负责扎什伦布寺的维修保护工程，随着业务范围的扩大，现在项目遍布日喀则地区，是当地最大、资质最高的古建筑公司，旗下施工单位包括石工组、木工组、雕刻组、鎏金组、壁画组、彩画组和铜匠组，工作人员达350人。工匠与建筑师在建筑的建造过程中将技术与艺术有机结合，延续了扎什伦布寺历史悠久、精美绝伦的建筑艺术。

2. 传统建筑工艺

（1）砌筑技术

---

1 杨嘉铭，赵心愚，杨环.西藏建筑的历史文化[M].西宁：青海人民出版社，2003.

藏式建筑的墙体与楼板等围护结构主要采用砌石技术与夯土技术。在长期的实践过程中，藏族工匠巧妙结合当地的材料，总结出了利用天然石块、黏土砌筑石墙、土墙的技术。

其中，砌石建筑占主体地位，这项技术的关键是处理好石块与黏土之间的关系：一是在砌筑墙体的过程中采用大石与大石叠加，再用小石与黏土衔接的方法，使墙体与地基成为一个整体，增强建筑的整体性；二是处理好墙体与地基的关系，通过收分的方式，既减少了墙体的自重，也增大墙体与地面的接触面积，从而减轻了墙体对地面的压强；三是处理好墙体的转角，角的横切面必须为直角，墙角处的石块应光滑、平整且有足够的长度以保证搭接的长度 [1]。

藏族的砌石技术还有一个突出的特点，就是砌反手墙技术（图 5-51）。在砌筑过程中不搭设外脚手架而将脚手架搭设于内墙。所有工匠在砌筑墙体时，从内向外反手砌筑。砌出来的墙体内墙面十分平整、美观，外墙面收分均匀。笔者在扎什伦布寺内调研期间正逢寺庙重新修建夏孜扎仓，墙体的砌筑就采用了反手墙的施工方法。

图 5-51　扎什伦布寺内新建僧舍

在藏族地区，除占主体地位的砌石建筑外，还有一些地区的建筑物的墙体是土墙，故夯筑土墙的技术也较普遍。夯筑土墙一般采用夹板夯筑的方法，选用黏性较好的黄土，加入一定比例的骨料与水，在夯筑的过程中外模板向内倾，内模板垂直于地面以保证墙体的收分。在西藏日喀则年楚河流域和阿里的

图 5-52　扎什伦布寺内倒塌的土墙与土砖

一些地方，还流行大坯砌筑墙体的技术。据有关史书记载，在吐蕃王朝建立以前，大坯建筑就已经出现。笔者在调研过程中发现扎什伦布寺的一些新建僧舍仍采用

1 杨嘉铭，赵心愚，杨环．西藏建筑的历史文化 [M].西宁：青海人民出版社，2003.

这种技术（图5-52）。

（2）木作技术

藏族建筑中的木作技术可分为两类：一类为大木技术，另一类为小木技术。大木技术主要包括建筑物的梁、柱、楼层、顶层的木作。小木技术主要侧重于门、窗、檐（含门、窗、屋檐）以及室内设施及重点装修部位雕凿，包括室内壁柜、水柜、佛龛等附属设施以及梁、柱、檐等部位的雕凿、装饰工艺。在施工中，大、小木技术时常一起制作。

门、窗制作。民居的门、窗都较为简单，但在寺庙和宫殿建筑中，却显得十分复杂。殿堂的门框、窗框在雕凿工艺非常细致，门框框头需做三椽三盖，在藏语中称为"巴卡"（图5-53、图5-54）。在框的正立面的上、左和右三方还要雕凿三至五道堆经。寺庙和宫殿建筑殿堂正面的窗扇，一般也是精雕细做，与内地官式建筑的雕凿方法和造型大体相仿。

梁、柱制作。藏式建筑的内部结构主要以梁柱承重，整个楼层的重量都集中在梁、柱之上，所以，需要粗大的柱子与厚重的梁来支撑。柱子顶梁的交接部位

图5-53　合葬灵塔殿侧门

图5-54　大殿窗户

图 5-55　合葬灵塔殿角柱和檐柱

则靠雀替来过渡。雀替除保证柱与梁的连接外，还需充分保证荷载的传递，故也
与梁一样厚重。但为了给人一种艺术美感，则在飞出的两端雕凿出一些曲线的图
案，以去掉雀替两端多余的木质部分。柱、梁、雀替相连的部位，既是藏族建筑
内部结构的核心区，也是装饰的重点部位，一般精雕细刻并施以彩绘。在扎什伦
布寺内最高等级的建筑灵塔殿上，这种装饰的艺术达到了顶峰（图 5-55）。

　　楼板的制作。藏族建筑
多数系平顶建筑，所以楼层和
顶层的做法大体一致。建筑物
内部梁、柱制作完毕后，便开
始安装密肋。密肋多为圆木，
交叉安放，密肋的安装间距较
密，一般为 30~40 厘米，是由
密肋的荷载较大，上面又要作
数层的处理、自重较大所致（图
5-56）。密肋上面铺垫的是一

图 5-56　僧舍内的楼板底面

层木棍，铺垫时需与密肋铺设方向垂直，密集排列。第一层铺垫完成后，再在木
棍上横铺一道树杈枝或灌木枝。第二层铺垫完毕后，还要在杈枝上面铺一道木屑
或树叶等，然后开始铺垫黏土，并经过数次人工夯打后，楼层的制作工序才算完成。
顶层的屋面与楼层的不同之处在于：一是铺垫的黏土层较厚，需要反复拍打使表

图 5-57　传统边玛墙　　　图 5-58　施工中的边玛墙

面更加密实；二是找坡和预留排水孔，以便排水。藏族建筑的顶层楼板的工序多、厚度厚，其原因一是为了保暖防寒，二是为了防止渗漏[1]。

　　檐制作。出檐的制作在藏族建筑中主要有两类：一类系民居和一般建筑普遍采用的短出檐，即类似门头、窗头的椽盖木作，有的为二盖二椽，也有的为三盖三椽，这是藏族建筑传统的木作外饰做法。另一类则是寺庙殿堂的专门做法，除传统的椽盖短出檐外，上面还要加一道边玛墙（图 5-57）。制作边玛墙的步骤是：①先将边玛草晒干去皮，用湿牛皮编梆成型捆扎成若干小把，编梆大头 7 ~ 8 厘米，编梆小头 2~3 厘米，长度 50~55 厘米（图 5-58）。②然后逐层堆码至所需高度，上面再安装一道椽盖，再在椽盖上覆以石板，石板之上盖泥土。③用短小编码草对边玛墙进行填充加密，并将边玛墙表面打磨光滑。④再在边麻墙上用传统颜料刷成褐红色，亦有刷成黑色的。做边玛墙的目的，从建筑角度讲，是为减轻建筑物顶部的自重并达到一定的装饰效果。

　　斗拱制作。斗拱是我国内地木结构建筑的传统技术，也是大型木结构建筑的一大特点，扎什伦布寺的灵塔殿均设有斗拱（图 5-59）。

　　附属设施制作。藏族建筑中的附属设施诸如壁柜、水柜、佛龛、灵塔等，属于小木作，其基本技术亦与内地木作技术相近，这些设施一般都与建筑物相连，不可随意搬动（图 5-60）。

---

1 杨嘉铭，赵心愚，杨环.西藏建筑的历史文化[M].西宁：青海人民出版社，2003.

图 5-59　斗拱制作　　　　　　　　　　　图 5-60　制作灵塔

藏族木工工匠所使用的工具和内地工匠所使用的工具基本相同，主要有斧类、锯类、刨类、凿类，以及尺子、墨笔等工具。木工工匠的基本技能也是分线、放样、劈、锯、刨、雕凿等。

（3）铜器工艺

扎什伦布寺大殿屋顶，是用铜和金制做成的金顶，工艺十分繁复。按照传统工艺，采来的原料被投入一种由"非泥非石"的材料筑成的熔炉中熔炼，然后炼好的铜铸块再度加热打成铜片，但现在使用的是长约 2 米、宽 1 米、厚 0.3 厘米的工业铜板。打制之前，先把要打制的图案画在纸上，图案用墨笔描绘成平面图，只标出了工件的轮廓线，不像现在的工厂用的三维视图，可以想象成形的立体形状。中间环节要靠工匠自己去想象。画好纸图后，用炭笔将图纸的图案复制到铜板上，然后用錾子沿炭笔钱打出轮廓，这样便在铜板上的另一面凸出印痕。其他工匠根据要求在每条轮廓线的中央或边缘锤打出凹凸，造成浮雕效果。很多的工作都由两个部分构成，将已经按造型要求锤打出的物形单面铜件焊接在一起，便成为立体的完整用器了。

其焊接方法也很特殊，先将两块（或几块）打出凹凸物形找紧，或用扣铆钉等相接，然后在接缝后涂上用胶，架在木炭上烧红（以风箱鼓火），复又拿出，再涂上一层用胶，如此反复几次，最后待其自然冷却后用砂石将接缝处打麻平，以致看不出焊接的痕迹。

配制焊接涂料的"桑孜"和"擦拉"，据藏族老师傅讲，"桑孜"是一种藏语称为"地匝或指锡或锡合金，或花蕊石"的熔液与碎铜反应后制成的稠液状物（但在藏语中又指猪殃殃，一种茜草科药用植物），"擦拉"是从一种生长在藏北的植物中提出的灰白色粉末（可能是一种盐硝之类的物质）。

传统金属工艺中使用的铁砧有两种，大面积加工时用的铁砧与内地工匠使用的铁砧是相同的，但在进行细部加工时，使用一种藏族特有的铁砧，这种铁砧在藏语叫"阿桑"。支撑件是用三根长约60厘米的棱木构成的A字形件，另有一根长约1～1.5米的铁棒，棒尖呈现四棱锥形，使用时，将铁棒和地面构成一个稳定三角形。铁棒尖四棱锥头配有各种不同规格的錾头。錾头长约1.5～5厘米不等，錾头的尾部做成一方形套管，使用时把它套在铁棒的锥头上，并根据工艺要求使用不同形状的錾头。铜板的打制是用不同重量的铁锤进行的。

（4）鎏金工艺

鎏金，也叫火镀金，藏语称做"擦塞"，是指在成型的金属器物上镀上特制的金泥。鎏金技术的工艺是：

将金锭用机器压如纸薄；

将金片用剪刀剪成碎片；

金与水银以1：4.5比例混合；

将混物放入石盆中研磨（2人研磨15日至混合均匀）；

将需要镀金的铜皮表面用草酸清洗干净；

将混合溶液用刷子蘸取后均匀地涂刷在铜皮表面上，再用海绵将溶液刷均匀（以黄金计算每平方米60~80克）；

用烧红的牛粪均匀覆盖在镀金铜皮表面上（厚度10厘米），使混合溶液中的汞蒸发；

再用草酸清洗镀金表面（检查镀金表面是否有漏点或不均匀处）；

用九眼石或玛瑙等较坚硬光滑的石笔对镀金表面进行细致打磨；

将镀金铜皮进行安装。

藏族鎏金技术与汉族鎏金技术大致相同，只是汉族在蒸发水银的时候用的是烧红的炭火

图 5-61　蒸发鎏金铜板上的水银

（图 5-61）。需要注意的是，水银汽（汞蒸气）是剧毒气体，所以对涂好混合液工件的加热，要在全部准备工作完成后进行。加热后的用件，放入水中冷却，否则容易炸裂。冷却后，放在阳光下晒干。晒好的铜器表面打磨（起抛光作用），打磨之后，米黄色转为金黄色，并出现较强的光泽。采集一种叫"佐"的植物，将其切割成一寸左右的段，投入水锅内煮沸，使水成浓茶色，然后倒出清汤，倒掉残渣，制成"佐"水。用铁棍打磨的铜器放入"佐"溶液中，取出后，黄金色即变为略带紫红的金色，这就是寺庙金顶的颜色。

（5）阿嘎土工艺

"阿嘎"土这一材料在藏式传统建筑中运用较为广泛，在楼顶防水、墙顶防水、屋内地坪等建筑工程技术处理中，"阿嘎"土是最佳选择。"阿嘎"在藏语中是指黏性强而色泽优美的一种风化石，它产于西藏的一些半土半石的山中。扎什伦布寺的佛殿与僧舍中大量采用阿嘎土技术来制作地坪与屋顶。

阿嘎土的制作工艺分为四个步骤：

一是铺设黄泥层：将黄土砸碎过筛，用筛孔 10 毫米筛网筛选后将黄土与水按 5：1 的比列混合均匀，在地坪上虚铺 15 厘米厚并用"帛多"[1]拍打均匀。

二是阿嘎土选料：将阿嘎土用粉碎机进行机械加工后用筛网分三层过筛，分别为 35 毫米、15 毫米、5 毫米粒径，依次分批堆放。

三是阿嘎土制作：

第一层铺设大粒阿嘎土，颗粒直径 15~35 毫米，土层厚度为 6~8 厘米，先铺设平整后洒水润湿，用圆形石锤，人工用"帛多"夯打，边打边洒水润湿，打至泛浆，压实后厚度为 5~6 厘米，夯打大约 2~3 天。

第二层铺设中粒径阿嘎土，颗粒直径 5~15 毫米，土层厚度为 4~5 厘米，再按第一层方法压实程度操作，压实后厚度在 3~4 厘米，继续用"帛多"夯打大约 2~3 天。

第三层铺撒细阿嘎土并洒水并夯打，直到表面无麻点砂眼，用人工以卵石直径 8~12 厘米磨浆打光，然后用麻布磨擦抛光。

四是做阿嘎土面层装饰：将榆树皮用水浸泡，搓溶成有明显胶质黏度的胶水

1　一种专门夯打"阿嘎"土的劳动工具，由一块厚约 3~5 厘米、直径为 15 厘米的中心带孔的圆形青石块，穿进一根 1.7~1.9 米的木棍做成，木棍是"帛多"的把手。

状黏液。等待阿嘎土表面自然凉干后将榆树皮黏液涂刷至阿嘎土表面进行涂擦，确保该溶液渗入阿嘎土内。待一遍榆树皮胶水涂擦稍干后再进行第二遍涂擦，共涂擦三遍。待榆树皮胶水凉干后开始用清油对表面再进行三遍涂擦方算完成。

图 5-62　夯打阿嘎土

"阿嘎"运用于藏族传统建筑的历史久远，在漫长的建筑实践中藏族建筑工匠们积累了一整套"阿嘎"材料挖掘、加工、打制（图 5-62）、保养的办法，使之在藏族建筑的坚固、美观、舒适等方面发挥了极其重要的作用，成为西藏传统建筑中不可或缺的一环。

第六章 扎什伦布寺宗教活动与建筑

第一节　扎什伦布寺的一天

人与周围的空间环境有着相互影响、动态发展的密切关系。一方面空间是人们根据自己过去的生活经验需要而建造出来的，体现了人的行为活动要求和心理需求。另一方面，空间对生活其中的人也无时无刻不产生影响，通过人的知觉过程而潜移默化地改变人的心理模式，进而形成一定的行为模式。意大利建筑师布鲁诺·赛维先生曾经说过："尽管我们可能忽视空间，空间却影响着我们，并控制着我们的精神活动，我们从建筑中所获得美感——这种美感大部分是从空间产生来的。"[1] 人的活动能使空间产生心理体验的原因，主要由于空间的使用功能所致。人和建筑空间共同构成一个整体：人的活动离不开一定的空间；反之，建筑空间也是人所拥有及供人使用的。建筑空间表达的情绪是随着人们的活动变换的，朝颜夕改，日作夜息如同有生命一般。下面我们记录了扎什伦布寺的一天：

凌晨 5:30，喇嘛给佛前的贡碗盛满第一碗圣水，伺候师傅起床后，披上僧袍向措钦大殿奔去。此时天空尚一片漆黑，只有僧舍里晃动着几盏酥油灯。

凌晨 6:00，大殿门廊上人头攒动，喇嘛们在翁则[2]的带领下进入大殿，开始早课，寺庙迎来了一天中第一个高潮，殿堂变成一个大共振器，在诵经声中共鸣。此时天空还是一片黑暗，但寺中所有佛堂的灯都亮了。厨房中热气腾腾，为早课熬制酥油茶，准备糌粑。

早课 8:00 结束，僧人回到自己的僧舍，打扫卫生，整理房间，料理事务。寺外朝拜的人在晨曦中开始围绕扎什伦布寺转山。

9:00，僧人们各司其职，有的负责殿堂的公共清洁，有的负责接待工作。寺庙迎来了第一批朝拜者，他们在大门口等待多时。天空亮起来，阳光给寺庙带来浅浅的光影，仿佛在微笑。

10:00，游人开始涌入扎什伦布寺，他们进入每间庙堂，但与之前的朝拜者不同，他们只是游览。旅游的开发使游人成为白天扎什伦布寺空间的重要参与者，但他们始终是"局外人"。

---

1 ［意］布鲁诺·赛维.现代建筑语言[M].席云平，王虹，译.北京：中国建筑工业出版社，1986：52.
2 翁则指领经师。

13:00，此时扎什伦布寺的措钦大殿和孜公康等重要殿堂都提前关闭，而其他殿堂仍然开放，这已成为寺庙惯例。

从 13:30 到 15:30 是午休时间，喇嘛可以自由活动，上进的喇嘛则利用这段时间学习。室外正午的阳光很强烈，游人少了，寺庙显得很安静。

从 15:30 到 19:00，寺中除了强康和几座灵塔殿开放外，其他佛堂都关闭了。游人和朝拜者的路线都是顺时针方向，绕寺一周后从原入口离开，朝拜者会在离开寺庙后进行一天中的第二次转山。

晚饭后，在扎什伦布寺措钦大殿的院子里举行辩经，此时寺庙又沸腾起来。晚课后，寺庙安静下来，城市在一片黑暗中沉睡了。

第二节 扎什伦布寺每年的宗教活动

西藏是一个多节日的民族，按藏历计算，几乎月月有节日。其原因主要有：

自然条件的因素。西藏被世人称之为"雪域"，是世界上海拔最高的地方。严酷的自然条件随时威胁着人类的生存，在远古时代更为突出。因此，人们为了生存，不得不向他们认为决定生存权的大自然祈求。这种原始的崇拜通过一定的形式表达出来就诞生了节日。至今，我们仍能看到藏民族节日中对天神、地神、山神等的崇拜。

人口的因素。由于恶劣的自然环境，历史上西藏的人口一直处于低水平发展中。同时，因为地域辽阔，使得本来就不多的人口显得更加稀少。因此，人们越发渴望与他人交流。为了满足人们相聚的需求，节日这种相聚、交流感情的方式也就产生了，而节日的相聚，也一改生产劳动的沉寂单调，让人们抒发的情怀，享受精神的快乐。

生产、生活方式的因素。如果细细分析藏民族每个节日的诞生原因，就会发现，牧区的节日明显带有牧业色彩，如赛马节、割草节等，而农区的节日，则明显带有农业特征，如望果节等。节日就是长期以来在生产和生活方式影响下诞生的。同时，在商品经济不发达的西藏，人们也很难完全做到自给自足，通过节日的相聚，人们不仅交流了思想感情，同时也借机交流了劳动成果，达到维持再生产的目的。

宗教传播的因素。西藏的藏传佛教并不是西藏本来就有的。佛教能在西藏广泛传播，离不开节日这种形式，离不开节日的功劳。以节日的形式传播宗教，缩小了人们与宗教的距离，便利了人们对宗教的理解；以节日的形式传播宗教，不仅乐于被人们接受，同时也达到了广泛传播的目的。正是这样，我们才不难理解，为什么西藏的众多节日都与宗教有关，为什么众多的宗教节日都有百姓来庆祝，为什么众多节日的宗教化与世俗化能和谐统一。

藏民族通过众多的节日，抒发他们的各种感情，不仅有对神的宗教感情，也有对人的自然情怀。

每年扎什伦布寺都要举行各种名目的宗教活动，这些活动有些是扎什伦布寺内部的仪轨，有些则是佛教的公共节日。

扎什伦布寺每年的宗教活动如下：

藏历新年第三天，举行以驱鬼为目的的金刚舞，由阿巴扎仓的僧人承担。

藏历大年初五到十五，举行名为"琼珠米拉"的集体念经活动，祈福新年。

藏历四月为萨噶达瓦节。相传释迦牟尼于藏历四月十五日降生、成佛和圆寂，西藏僧众将此月定为"佛月"。

藏历五月中旬，扎什伦布寺展佛，展三世佛，持续三天时间。

藏历八月初，扎什伦布寺举行"齐姆钦莫"金刚舞节，扎什伦布寺僧人在贡觉林宫举行大型跳金刚驱魔神舞盛会。神舞盛会结束后，要演唱藏戏十余日，民众可以随意入内观看。

藏历九月二十二日天降节，相传这一天是释迦牟尼返归人间的日子。

藏历十月二十五日是宗喀巴的忌日，这一天寺内僧众要集会诵经，僧俗在室内、房顶供灯，以示纪念。

藏历十二月，扎什伦布寺举行"钦莫果多"金刚舞，目的是驱鬼，由扎什伦布寺孜公康的僧人承担。

每月的十、十五、三十日为扎什伦布寺集体诵经日，据说在这些日子里布施会功德加倍。历代班禅的生日、宗喀巴圆寂日等寺内都会举行佛事活动。一年一次的护法神大会上，朝拜者争相起早进入扎什伦布寺朝拜，和汉地信徒烧头香的情形很相似。

这些节日在旅游开发后，迎来了新的参与者——游客，每年的五月和八月都是扎什伦布寺接待游客的高峰期。

第三节　扎什伦布寺宗教活动与建筑

1. 展佛台与展佛节

一世达赖根敦珠巴为了纪念释迦牟尼的诞生、成佛与涅槃而主持修建了展佛台，后来经四世班禅罗桑曲吉主持，进行了大规模的扩建，才形成了今天的建筑规模。日喀则市区镶嵌在年楚河与雅鲁藏布江合流的平坦谷地里，背靠尼玛山，扎什伦布寺依山而筑，展佛台又处于整座寺庙的最高点，像一面巨大的背景，烘托着的寺庙红墙金瓦，层次分明。

远眺扎什伦布寺，人们的目光也许会被鎏金顶的灵塔殿所吸引，但是随着视线的平移，宏伟的展佛台一定会带给你巨大的震撼。这座从古至今一直占据着日喀则制高点的建筑物共用石料约 5 000 立方米，台底长 42.5 米，顶长 38 米，高 32 米，宽 3.5 米。在建筑风格上，展佛台具有典型的藏式特点，砌石结构，石面稍经雕琢后将长度不同的石块交错相叠并按照一定的规律排列，石块的厚度逐层递减，建筑的立面呈等腰梯形，显得结构稳固。台基深入尼玛山坚实的岩石之中，两侧向内倾斜，顶端狭窄。展佛台背面两侧加筑了斜向支撑体，使展佛台显得更为稳固、坚实。台基向前延伸形成一个平台以便进行法事活动，寺庙内的转经道至此到了终点，展佛台的东面设有小门与外部的转经道相通，方便了广大僧俗前来朝拜、瞻仰。虽然展佛台已筑成五百多年，历经沧桑，但是看上去却没有一点残破的痕迹，完好如初。扎什伦布寺的展佛台，其规模与影响力在后藏黄教寺庙中首屈一指，也成为扎什伦布寺的一大特点。

每年藏历五月十四日至十六日，是闻名雪域的日喀则展佛节（图6-1、图6-2）。在此期间，每天清晨，扎什伦布寺八百多名喇嘛集体诵经，声如雷震。诵完经、做完法事以后，由两百多名身披节日袈裟的喇嘛组成鼓乐队、仪仗队分列在道路两旁；在法号和鼓乐声中，一位喇嘛装扮成"雪狮"走在队伍的最前面，"雪狮"浑身洁白，披饰着华美的服饰，边走边跳。"雪狮"之后，分别由二十多名青壮喇嘛抬起两架巨幅彩绣佛像，从扎什伦布寺殿堂出发，沿着寺庙内的环道抬到展佛台前。在巨大的彩绣佛像即将展开的瞬间，鼓乐高奏，法号齐鸣，呼声雷动。台下众僧口念佛经，台顶的喇嘛将这幅一千多斤重的佛像两端固定好以后通过绳子控制卷幅展开的速度，在缓慢放至三分之一的时候，佛头已展现出来。这时，

图 6-1　展佛节展出的巨大唐卡　　　　　　　　图 6-2　展佛台下诵经的僧侣

底下来瞻仰佛像的藏民欢呼雀跃，气氛更加热烈。就在此时，台顶的喇嘛顺势将手中的绳索抛向空中，巨大的佛像顿时展现在人们的眼前，仿佛从天而降，登临人间。此刻，人群已经沸腾，转经道上摩肩接踵，大家纷纷向前想赶到佛像下去朝拜，这是展佛节一天中气氛最热烈的时刻。

按惯例，展佛台上展示的佛像依据过去、现在和未来的时间顺序，第一天展出由十世班禅曲吉坚赞制作的燃灯佛像，藏族群众称之为"过去佛"，也即无量光佛，供人缅怀记忆；第二天展出由九世班禅曲吉尼玛制作的释迦牟尼佛像，藏族群众称之为"现在佛"，信徒祈祷佛祖赐予"净土世界"的欢乐；第三天展出由康·希立堪布制作的弥勒佛像，藏族群众称之为"未来佛"，也即强巴佛，让人瞻瞩，向往未来世界。展佛节共三日，每天上午10时左右展出，至中午12时左右收下佛像卷藏归寺。

展出的佛像将近1 000平方米，覆盖了整个展佛台的向阳面。佛像是用绸缎、织锦人工绣成的。佛像上除了绣有过去、现在、未来三世佛陀外，在绸缎和织锦的边沿上还绘有其他一些佛教人物及宗教吉祥图案，整个画面栩栩如生。展佛台上端的两个顶角，向东西各挂有五彩的神幡。展佛台的背面，彩色的神幡网成吉祥的图案，蔓延至尼玛山顶，与山顶的经幡相连，沿着山体之字形上升，最终悬挂于山脊，蔚为壮观。

展佛节是扎什伦布寺每年一次的较大的诵经、祈祷、祈求风调雨顺的宗教法会。藏历五月，后藏刚过春耕农忙，满田的庄稼和遍山的牧草都期盼着雨水的滋润，农牧民赶到日喀则朝拜佛像，祈求老天普降甘露，给他们带来五谷丰登、六畜兴旺。

　　每逢展佛节来临，日喀则各地区的农牧民群众和僧侣会带上帐篷与食物，云集在扎什伦布寺周围，还有来自其他藏区以及青海、甘肃、四川等地的藏族同胞携全家老小乘汽车远道而来。他们按照约定俗成的规矩在扎什伦布寺周围安营扎寨。近几年来，随着西藏旅游业的发展，扎什伦布寺的展佛节越来越受到国内外旅游者的青睐，许多游客在展佛节期间专程来日喀则旅游观瞻这一佛教盛典，分享节日的快乐。

2. 跳神台与金刚神舞

扎什伦布寺的跳神台位于寺庙南部的及吉郎卡园林内，背靠建筑羌色康，舞台四周用四根高大的藏式柱子撑起覆盖整个舞台的立体桁架屋顶，东西两侧有千佛廊。羌色康（图6-3）原为扎什伦布寺的羌姆扎仓，始建于七世班禅时期，"文革"期间被毁，现有建筑为钢筋混凝土结构，新

图6-3　羌色康南面遮阳篷

建于1988年。羌色康内部层高较高，单室面积较大，室内的壁画也以盘龙祥云为主，一层东面的房间为缝纫厂，主要缝制舞衣、唐卡等。建筑南立面左右两侧镶嵌着落地的大玻璃，中间两层朝前突出，楼下是宽而长的门厅。楼上是班禅大师观看神舞的房间，窗户紧闭，还蒙上了黄色的遮阳布。

　　金刚神舞，藏语叫"羌姆"，通俗的说法就是"跳神"，是藏传佛教僧人表演的一种宗教舞蹈。这种舞蹈不是轻易就能看到的，它是一种密宗艺术，是藏传佛教仪式的一个重要组成部分。只是在特定的时间、特定的地点，由经过密宗灌顶的僧人来表演。西藏某些著名的寺院每年跳两次金刚神舞，而在西藏另一些寺庙，每隔几年甚至十几年才举行一次。可以说，每次金刚神舞的表演，都是当地僧俗人民最盛大的节日。

　　扎什伦布寺每年有两次跳神，一次是藏历腊月二十九，由阿巴扎仓（密宗院）喇嘛表演，一次是藏历八月西莫钦波节期间，由孜公康（护法学院）的喇嘛表演。

西莫钦波意为艺术大展演，通常在藏历八月上旬举行。节日期间，扎什伦布寺的僧人在跳神台举行大型跳金刚驱魔神舞的盛会。跳金刚神舞的目的是为了驱逐妖魔，排除孽障，使众生来世永享神佛之护佑。跳神的表演者由班禅大师直属的孜公康的喇嘛组成，通常伴奏的乐队有 100 多人，其中 3 米多长的法号 8 支、金琐呐 8 支、铜钱 16 副、大羊皮鼓 12 面。第一天跳 16 场，主神是具誓法王唐青曲杰；第二天又跳 16 场，主神为护法神岂丑巴拉；第三天唱藏戏，跳"噶巴"斧钺舞、狮子舞、牦牛舞、孔雀舞、六长寿舞，集西藏民间艺术之大成。神舞盛会结束后，还要演唱十余日的藏戏，民众可以随意入内观看。

2006 年 5 月 20 日，日喀则扎什伦布寺羌姆被列入国务院公布的的第一批国家级非物质文化遗产代表作名录。

3. 煨桑

煨桑是藏民生活中的一件大事，每个家庭和部落一年之中都要煨很多次桑。"桑"是藏语的音译，其意为"烟"或"烟火"，至于"煨桑"较为确切的译法应是"烟祭"，俗称"烧烟烟"。对于有着深厚文化积淀的藏族来说，这一仪式除了有其产生的思想渊源及深刻的历史背景外，同时也伴随着美丽的神话传说，例如格萨尔王和藏历五月十五煨桑、桑烟与桑耶寺、为使贫富均衡牟尼赞普燃桑求神等故事。

煨桑也是藏传佛教的一项宗教祭祀活动，笔者亲历了扎什伦布寺的煨桑活动。煨桑的队伍由近百名喇嘛组成，由扎什伦布寺东面顺着转经道向南门出发，队伍分成两列，分别沿着路边走，把路中间空出来，路上的藏民与游客见状也纷纷避让，走在喇嘛队伍的外侧。右侧的喇嘛清一色手持羊皮鼓，左侧的喇嘛则全部手持铜锣，在队伍的最后有三名喇嘛走在路中间，应该是德高望重的大师，他们手持不同法器，伴随着队伍向南广场走去。到了扎什伦布寺大门马路对面的广场上，所有的僧侣都围在事先扎好的草堆旁，周围的藏民也将广场围了个水泄不通，大家似乎对此非常期盼。只见那位走在队伍最后的长者将手中的彩带在草堆上挂好，身后的另一位喇嘛就用火把点燃了草堆。一时间锣鼓齐鸣、呼声雷动，所有的民众都围绕着缕缕青烟欢呼雀跃。

煨桑仪式有助于强化藏民的宗教信仰，是藏族多种宗教催生的产物，这种仪式周期性地举行，对维系藏族社会起到了重要的作用。

4. 燃灯节

每年藏历十月二十五日是格鲁派创始人宗喀巴大师的祭日，为了纪念这位杰出的佛教宗师和赐予善良的人们吉祥幸福，扎什伦布寺与各黄教寺庙的僧侣都要举行诵经、磕头、灯供等仪式隆重的祭祀活动。这天晚上，扎什伦布寺的佛塔周围、殿堂屋顶、窗台与室内的佛堂、供桌上均会点上酥油灯，把寺庙照得灯火通明。远远望去，星星点点的灯火犹如繁星落地，映照着日喀则城市城市的夜景。

5. 天降节

天降节每年藏历九月二十二日举行。相传在释迦牟尼诞生的第七日，生母摩耶夫人因野外生产生病而离开了人世。摩耶夫人离世后其灵魂对儿子很是想念，所以释迦牟尼得道以后为报答母亲，前往天宫为母亲说法，三个月后摩耶夫人从天宫三道宝阶下到人间。世人为了纪念释迦牟尼和他的母亲，在每年这一天开放寺院，广大僧众依照惯例诵经一天，向释迦牟尼像进香朝拜，迎接佛祖重返人间。这一天，扎什伦布寺大小佛殿也会开放，供前来的僧众朝拜。

除了上述在扎什伦布寺内举行的宗教节庆活动外，扎什伦布寺还会遵循藏传佛教的传统，举办大祈愿法会、萨嘎达瓦节、林卡节等节日。这些节日有助于巩固和增强宗教感情，增进信徒与寺庙的关系，强化人对神的实在性感觉，加深人的宗教情感。

格鲁派寺庙宗教节日众多，扎什伦布寺的每一项宗教节庆活动都由特定的建筑来承担，这也是藏传佛教寺庙的一大特色。

结　语

纵观历史，世界上没有一个民族像藏族这样对宗教倾注了无比的虔诚和热情。宗教已渗透西藏骨髓，很难将宗教从社会生活中割裂出去。寺庙建筑成为西藏文化最全面又最集中的体现。寺庙建筑的意义不仅在于其本身，而且对包括城市聚落发展在内的许多方面产生了举足轻重的作用。

扎什伦布寺在日喀则城市发展中扮演了主要角色。西藏寺庙往往都是聚落的缘起，政教合一以前，寺庙以精神中心影响城市变迁；政教合一以后，寺庙和宗山共同构成城市"两极"发展模式。寺—宗—城三位一体的城市空间构成，不仅成为西藏城市的典型模式，也揭示出西藏的政治结构、社会等级和社会制度的内在联系。

本书主要论述了扎什伦布寺及其与日喀则城市形成和发展的关系：首先扎什伦布寺建筑群的选址、整体布局及空间结构、建筑单体等方面继承和遵循了传统的模式，但受其历史背景、地域文化的影响，具有独特鲜明的特点。扎什伦布寺的选址既符合宗教教义，也有利于寺庙的发展。寺庙平面布局在初期呈点状聚合，中期呈带状分布，鼎盛时期发展成大面积的建筑群。扎什伦布寺仿照拉萨三大寺而建，在发展过程中不断吸取地方文化营养，形成了代表后藏的建筑风格。

扎什伦布寺创建于15世纪中期格鲁派在取得西藏宗教统治地位后的黄教寺庙大发展时期，袭承了拉萨三大寺坐北朝南、依山而建、顺势而生的选址、布局特点与传统的建筑形制。在此后数百年的发展过程中又顺应寺庙发展的需求，因地制宜，对建筑群的布局做出了合理调整，由传统的向心型布局转变为横向带状式布局，扩大了寺庙的规模，形成了自东向西的金顶建筑序列，取得了良好的空间视觉效果。寺庙建筑的主要构成是各类级别的佛殿、扎仓与僧舍，以及其他一些为寺庙的生产、生活所服务的辅助建筑。各类建筑遵循了传统的形制特点，经历了数百年的发展，不断吸收当地文化与汉地建筑风格，形成了自己鲜明的建筑特色。寺庙里的僧人们在修习佛法的同时还要担负起日常生活的事务，整个寺庙在摒弃了其宗教意义后俨然是一座充满生机的城镇。

历史上，作为后藏地区格鲁派第一大寺的扎什伦布寺对藏传佛教在当地的发展起到了重要的作用。今天，它又在建设日喀则、发展当地经济的活动中起到了带头示范的作用，走上了自身发展的道路，完成了"以寺养寺"的目标。首先，为了解决寺庙建筑的维修保护工作成立了扎寺古建公司，整合寺庙内原有的木工组、石工组、铜工组等，以工程队的形式承接项目，不仅满足了寺庙的需求，还承担起了日喀则地区大部分古建筑维修保护的工程；其次，成立了"刚坚发展总公司"，利用多种经营渠道，开设商店、宾馆，创办了毛毯厂、家具厂、汽车运输公司等实体经济产业，在立足本地市场的基础上积极向海外拓展业务，为寺庙带来了丰厚的经济利益；第三，在取得良好经济效益的同时加速了寺院的建设，改善僧侣的生活条件，减轻国家负担，并带动了当地经济的发展，获得了社会的普遍赞誉。随着西藏改革开放的深入，扎什伦布寺正以一种开放的姿态迎接美好的明天！

图片索引

第五章　扎什伦布寺建筑类型与特点

参考文献

中文专著

[1] 恰白·次旦平措，诺章·吴坚，平措次仁.西藏通史 [M].拉萨：西藏古籍出版社，1996.

[2] 陈庆英，高淑芬.西藏通史 [M].北京：中州古籍出版社，2003.

[3] 王尧，陈庆英.西藏历史文化辞典 [M].拉萨：西藏人民出版社，1998.

[4] 陈耀东.中国藏族建筑 [M].北京：中国建筑工业出版社，2007.

[5] 徐宗威.西藏传统建筑导则 [M].北京：中国建筑工业出版社，2002.

[6] 汪永平.拉萨建筑文化遗产 [M].南京：东南大学出版社，2005.

[7] 杨嘉铭，赵心愚，杨环.西藏建筑的历史文化 [M].西宁：青海人民出版社，2003.

[8] 日喀则地区文史资料编辑委员会.日喀则地区文史资料选辑 [M].拉萨：西藏人民出版社，2006.

[9] 陈秉智，次多.青藏建筑与民俗 [M].天津：百花文艺出版社，2003.

[10] 次旦扎西.西藏地方古代史 [M].拉萨：西藏人民出版社，2004.

[11] 丹珠昂奔.藏族文化发展史 [M].兰州：甘肃教育出版社，2000.

[12] 王森.西藏佛教发展史略 [M].北京：中国社会科学出版社，1997.

[13] 邓侃.西藏的魅力 [M].拉萨：西藏人民出版社，1999.

[14] 吴健礼.古代汉藏文化联系 [M].拉萨：西藏人民出版社，2009.

[15] 喻淑珊.中国文化知识读本——扎什伦布寺 [M].长春：吉林文史出版社，2010.

[16] 彭措朗吉.中国西藏文化之旅——扎什伦布寺 [M].北京：中国大百科全书出版社，2010.

[17]《西藏风物志》编委会.西藏风物志 [M].拉萨：西藏人民出版社，1999.

[18] 木雅·曲吉建才.神居之所——西藏建筑艺术 [M].北京：中国建筑工业出版社，2009.

[19] 柴焕波.西藏艺术考古 [M].石家庄：河北教育出版社，2002.

[20] 木雅·曲吉建才.中国民居建筑丛书—西藏民居 [M].北京：中国建筑工业出版社，2009.

[21] 张鹰.人文西藏——传统建筑 [M].上海：上海人民出版社，2009.

[22] 宁世群.后藏日喀则 [M].拉萨：西藏人民出版社.1994.

[23] 索南坚赞 . 西藏王统记 [M]. 刘立千，译 . 北京：民族出版社，2000.

[24] 五世达赖喇嘛 . 西藏王臣记 [M]. 刘立千，译 . 北京：民族出版社，2000.

[25] 班钦索南查巴 . 新红史 [M]. 黄景页，译 . 拉萨：西藏人民出版社，1984.

[26] 西藏社会科学院西藏汉文文献编辑室 . 西藏大呼毕勒罕考 [M]. 北京：中国藏学出版社，2010.

[27] 宿白 . 藏传佛教寺院考古 [M]. 北京：文物出版社，1996.

[28] 童恩正 . 人类与文化 [M]. 重庆：重庆出版社，1998.

[29] 王其亨 . 风水理论研究 [M]. 天津：天津大学出版社，1992.

[30] 觉壤·达热那地 . 后藏志 [M]. 拉萨：西藏人民出版社，1996.

[31] 王云峰 . 西藏朝佛之旅 [M]. 北京：民族出版社，2000.

[32] 牙含章 . 班禅额尔德尼 [M]. 北京：华文出版社，2000.

[33] 牙含章 . 达赖喇嘛 [M]. 北京：华文出版社，2005.

外文译著

[1] [日] 芦原义信 . 外部空间设计 [M]. 北京：中国建筑工业出版社，1985.

[2] [法] 石泰安 . 西藏的文明 [M]. 耿昇，译 . 王尧，审订 . 北京：中国藏学出版社，2005.

[3] [意]G 杜齐 . 西藏考古 [M]. 向红茄，译 . 拉萨：西藏人民出版社，2004.

[4] [意] 图齐 . 西藏宗教之旅 [M]. 耿昇，译 . 王尧，审订 . 北京：中国藏学出版社，2005.

[5] [美] 梅·戈尔斯坦 . 西藏现代史——喇嘛王国的覆灭 [M]. 杜永彬，译 . 北京：中国藏学出版社，2005.

[6] [法] 罗伯尔·萨耶 . 印度——西藏的佛教密宗 [M]. 耿昇，译 . 北京：中国藏学出版社，2000.

[7] [挪威] 诺伯格·舒尔茨 . 存在·空间·建筑 [M]. 刘念雄，吴梦姗，译 . 北京：中国建筑工业出版社，1990.

[8] [美] 拉·莫阿卡宁 . 荣格心理学与藏传佛教 [M]. 江亦丽，罗照辉，译 . 北京：商务印书馆，1994.

[9] [意] 布鲁诺·赛维 . 现代建筑语言 [M]. 席云平，王虹，译 . 北京：中国建筑工业出版社，1986.

[10][日] 藤井明 . 聚落探访 [M]. 宁晶，译 . 王昀，校 . 北京：中国建筑工业出版社，2003.

学术论文与期刊

[1] 牛婷婷 . 藏传佛教格鲁派寺庙建筑研究 [D]. 南京：南京工业大学，2011.

[2] 牛婷婷 . 西藏寺庙建筑平面形制的发展演变 [J]. 西安建筑科技大学学报，2011（30）.

[3] 赵婷 . 扎什伦布寺及其与城市关系研究 [D]. 南京：南京工业大学，2008.

[4] 平措卓玛 . 藏传佛教的传承制度 [J]. 云南民族大学学报，2006（06）.

[5] 施东颖 . 藏传佛教格鲁派六大寺院及其管理 [J]. 西南民族大学学报，2007（02）.

[6] 杨志远 . 藏传佛教文化影响下的藏传佛教寺院建筑营造思想 [J]. 内蒙古科技与经济，2011（18）.

[7] 钟静静 . 藏族煨桑仪式及其文化内涵的研究 [J]. 内蒙古农业大学学报，2011（01）.

[8] 杨环 . 试论藏族建筑文化的特殊性 [J]. 中华文化论坛，2004（04）.

[9] 贡桑尼玛 . 西藏传统建筑中的色彩构成艺术 [J]. 四川建筑，2007（04）.

[10] 廖东凡 . 扎什伦布寺的密宗金刚神舞 [J]. 西藏民俗，1994（02）.

[11] 边巴拉姆 . 扎什伦布寺现有僧侣及其经济状况 [J]. 西藏民俗，1994（02）.

[12] 桑德 . 扎什伦布寺学经制度的传承与现状 [J]. 中国藏学，2007（01）.

[13] 柏景，陈珊，黄晓 . 甘、青、川、滇藏区藏传佛教寺院分布及建筑群布局特征的变异与发展 [J]. 建筑学报，2009（S1）.

[14] 次旦扎西 . 略述藏传佛教寺院组织制度 [J]. 西藏大学学报，2005（04）.

[15] 常青 . 桑珠孜宗堡历史变迁及修复工程辑要 [J]. 建筑学报，2011(05): 01–08.

[16] 伊尔·赵荣璋 . 拉卜楞寺的建筑布局及其设色属性 [J]. 西藏研究，1998（02）.

[17] 顾邦文 . 苯教的衰落和变革——兼论宗教发展必须和社会相适应的规律 [J]. 上海社会科学院宗教研究所学术季刊，1995（01）.

[18] 易华 . 佛教与藏族传统科技关系简论 [J]. 中国藏学，1997（01）.

附录一 扎什伦布寺总平面图

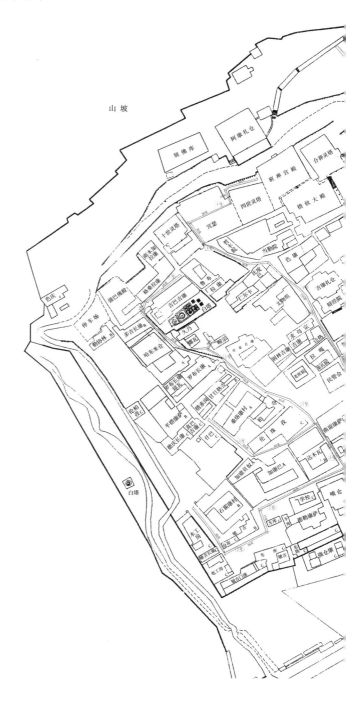

图　例

——— 防洪道
——— 排水道（编号从东到西1~5号沟）
○　市阀

说　明

1号，排水渠128米
　排水沟120厘米×90厘米，138米
　60厘米×60厘米，85米
2号，排水沟120厘米，180米
　90厘米×60厘米，42米
　60厘米×60厘米，190米
3号，排水沟120厘米×90厘米，120米
　90厘米×60厘米，146米
　60厘米×60厘米，168米
4号，排水沟120厘米×90厘米，170米
　90厘米×60厘米，110米
　60厘米×60厘米，200米
5号，排水沟120厘米×90厘米，99米
　90厘米×60厘米，95米
　60厘米×60厘米，608米
小计　120厘米×90厘米，707米
　90厘米×60厘米，393米
　60厘米×60厘米，1251米

共计　　　　2479米

2010-10-28
刘晴

A组：戚施文、梁威
B组：徐海涛、高登峰
C组：刘晴

附录二　扎什伦布寺建筑图表

建筑名称	达木瓦	建筑年代	15世纪	
建筑面积（平方米）	2 198.5	经堂	有	
分为主楼和廊房两大部分，原是来自阿里、拉达克等地僧人归属米村。现主要用做僧舍，也有米村集会殿，归属吉康扎仓				

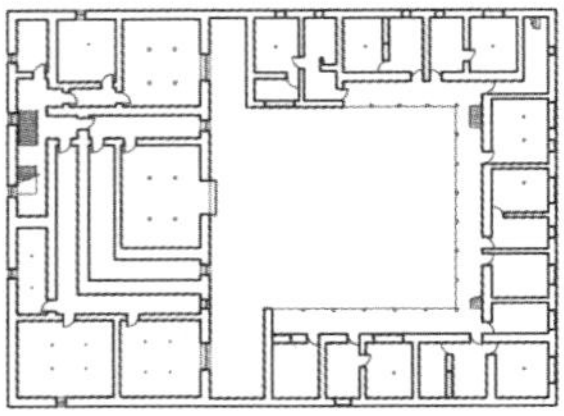

二层平面图

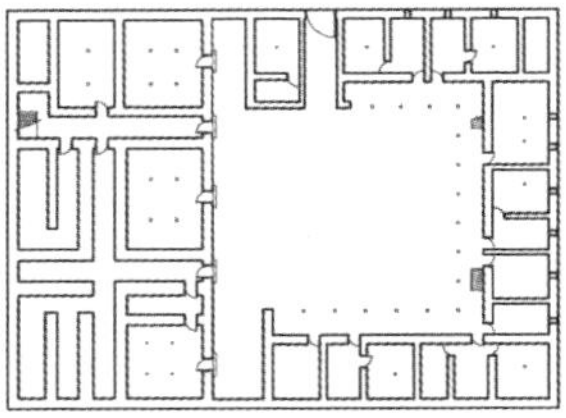

一层平面图

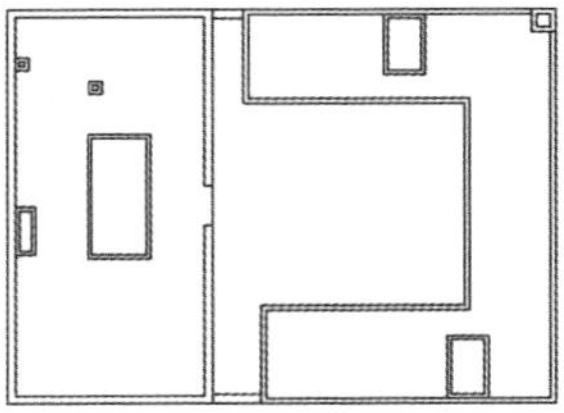

屋顶平面图

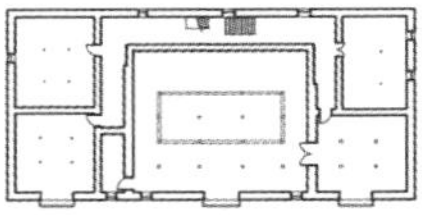

三层平面图

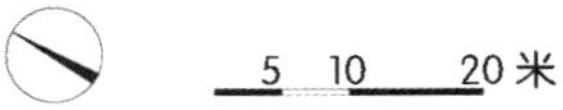

5　10　20 米

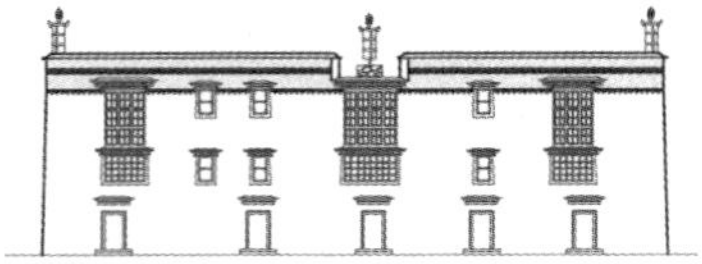

南立面图

5　10　20 米

建筑名称	措赤岗	建筑年代	17世纪 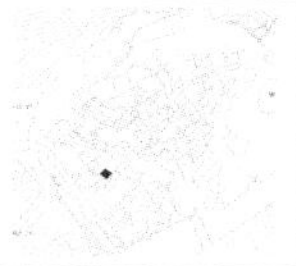
建筑面积（平方米）	726.4	经堂	无

位于甘丹热杰西面，与甘丹热杰相连，三层楼，初建于第四世班禅时期，建于17世纪，归属托桑林扎仓

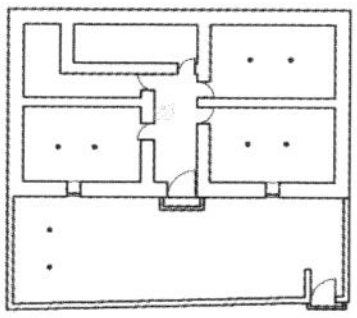

一层平面图

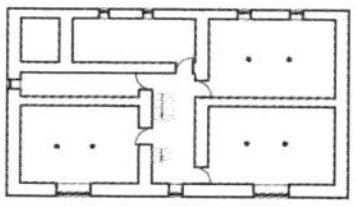

二层平面图

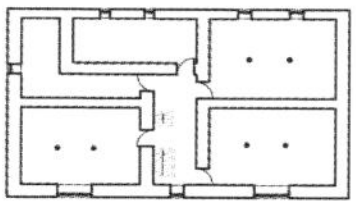

三层平面图

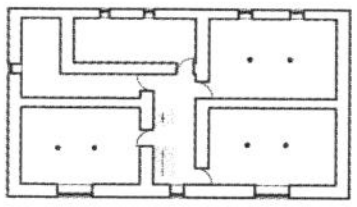

四层平面图

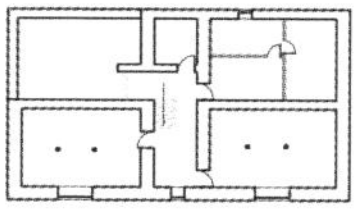

五层平面图

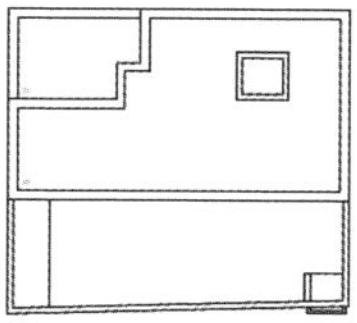

屋顶平面图

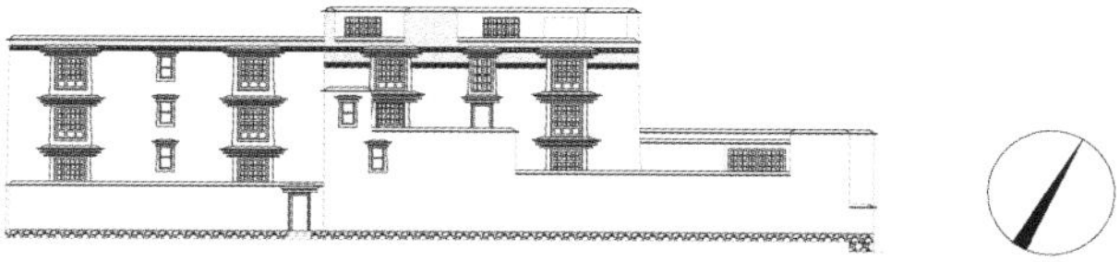

南立面图

5 10 20米

建筑名称	多吉长康	建筑年代	17 世纪	
建筑面积（平方米）	1 273.2	经堂	无	
位于强巴佛殿南面，三层楼，土坯房，主要是僧舍，归属于哈东米村				

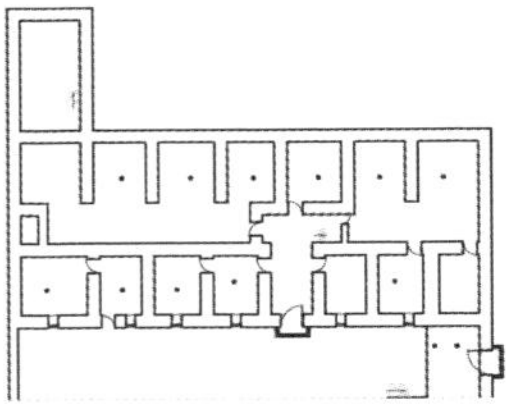

一层平面图

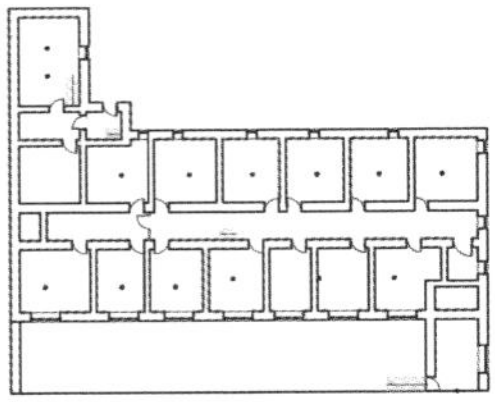

二层平面图

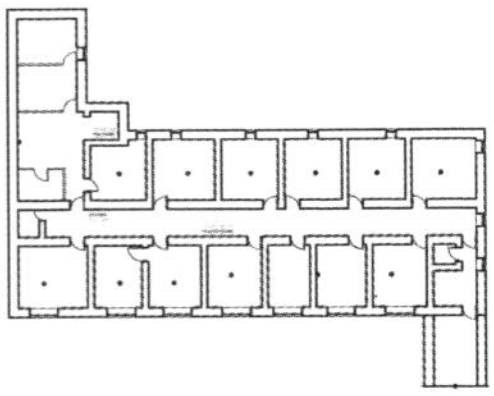

三层平面图

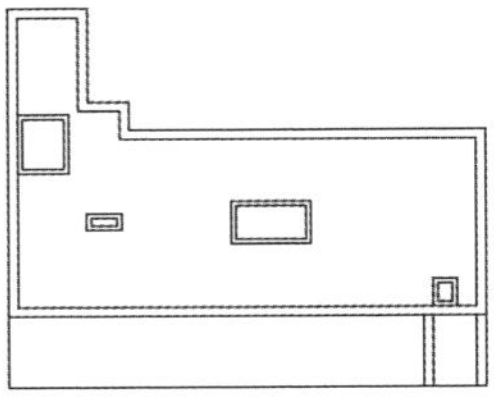

屋顶平面图

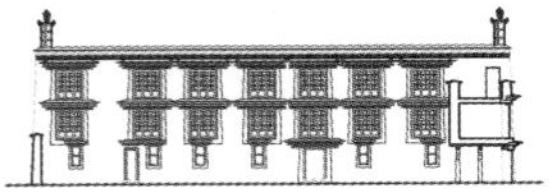

南立面图

东立 面图

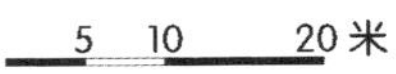

5　10　　20 米

建筑名称	甘丹热杰	建筑年代	17世纪
建筑面积（平方米）	1 132.4	经堂	无

位于寺庙西区罗布长康南面，四层楼，原是大贵族的住宅楼，现为僧舍。初建于17世纪

一层平面图 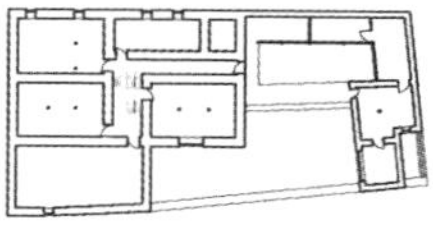　　　　　　　　二层平面图

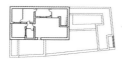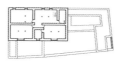

五层平面图　　　　　　　　四层平面图

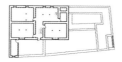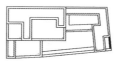

三层平面图　　　　　　　　屋顶平面图

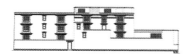

南立面图　　　　　　　5　10　　20米

建筑名称	哈东米村	建筑年代	17世纪	
建筑面积（平方米）	3 306.7	经堂	有	

主要有主楼和回廊配楼两大部分组成。原是蒙古族僧人集会和生活区，现在主殿是寺庙经书库，其他建筑是僧舍。归属于土萨林扎仓

一层平面图

二层平面图

三层平面图

剖面

南立面图

 5 10   20 米

建筑名称	加康巴	建筑年代	17世纪 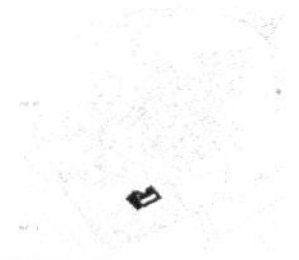
建筑面积（平方米）	6 895	经堂	有

原是来自东部康区的僧人归属米村。现在两栋楼为僧舍外其集会大殿作为则南木加扎仓的集会等宗教活动场所，归属托桑林扎仓

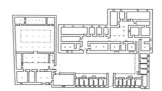

潜层平面图　　　　　　一层平面图

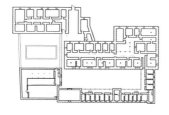
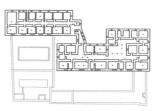

二层平面图　　　　　　三层平面图

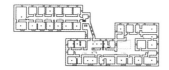
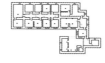

四层平面图　　　　　　五层平面图

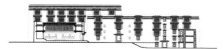

南立面图　　　　　　　　5 10 20 米

建筑名称	勒协林	建筑年代	15世纪	
建筑面积（平方米）	368.8	经堂	无	

　　位于强巴佛殿西面，现院内建有寺庙供水池，主楼为三层，土木结构。主要是集会殿和部分僧舍，归属于托桑林扎仓

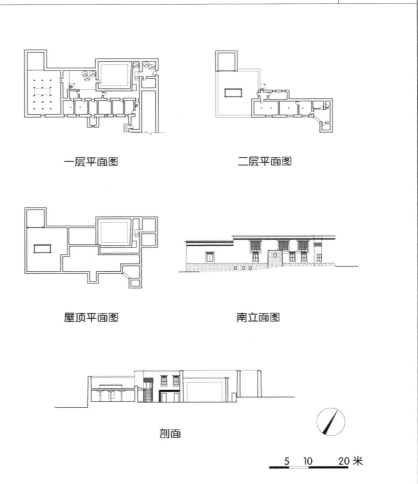

一层平面图　　　　　　　　二层平面图

屋顶平面图　　　　　　　　南立面图

剖面

5　10　20米

建筑名称	罗布长康	建筑年代	百年历史
建筑面积（平方米）	1 608.4	经堂	有

位于寺庙西区哈东米村南侧，原是一户大贵族（大喇嘛）的住宅楼，有百年的历史，主楼为四层（属于官府之一）

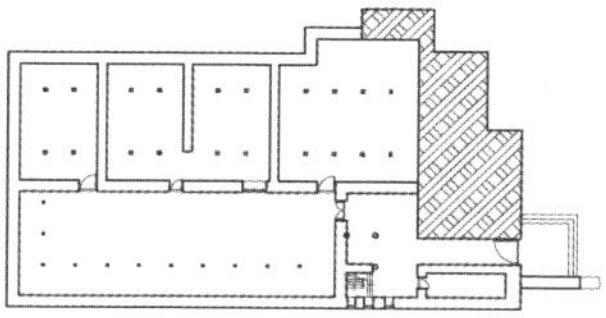

一层平面图 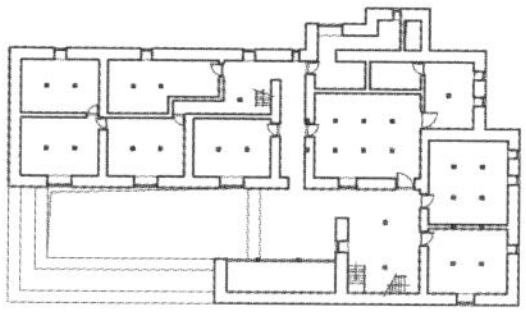　　　　　　　　二层平面图

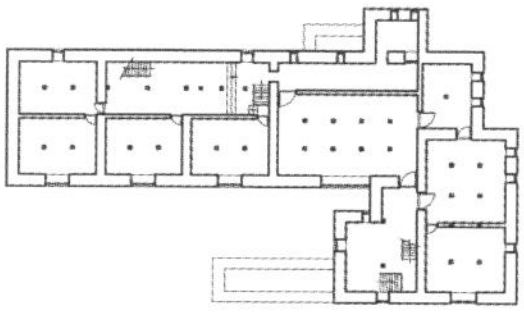

三层平面图 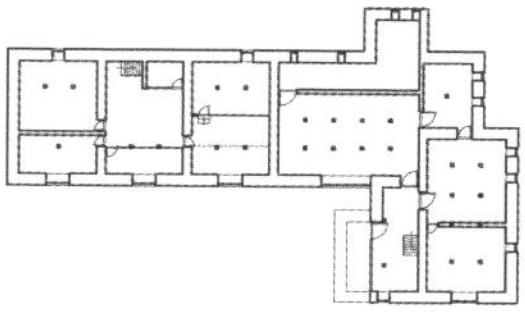　　　　　　　　四层平面图

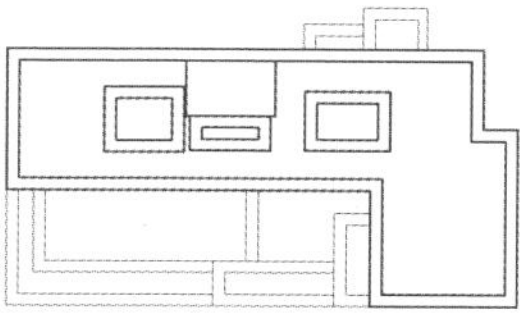

屋顶平面图 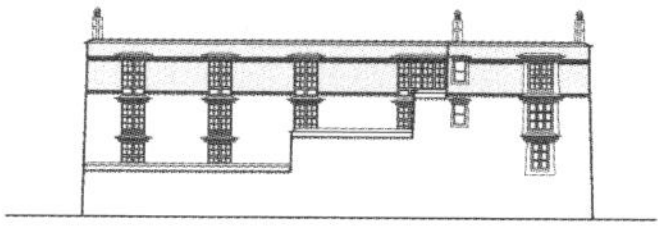　　　　　　　　南立面图

5　10　　20 米

建筑名称	敏杰	建筑年代	百年历史 
建筑面积（平方米）	605.5	经堂	无

位于寺庙西南面，北靠石霍康村，分为三楼，底层为库房，其他主要是僧舍，原是属于大喇嘛的宅楼。近代建筑，有百年的历史

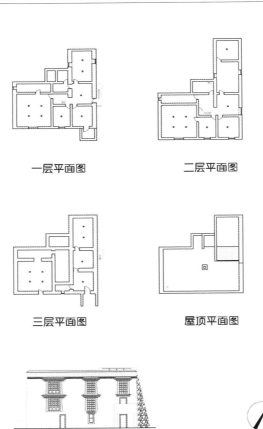

一层平面图 　　　　　　二层平面图

三层平面图 　　　　　　屋顶平面图

南立面图

5　　10　　20米

建筑名称	彭措康萨	建筑年代	17世纪	
建筑面积（平方米）	411.5	经堂	无	

　　位于寺庙西区，罗布长康琼瓦西侧，是座四层楼，土木结构。原是大贵族的住宅楼，现为僧舍。初建于17世纪

屋顶平面图

一层平面图

二层平面图

三层平面图

地下二层平面图

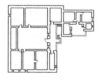

地下一层平面图

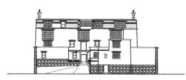

南立面图

5　10　　20米　　　　　5　10　　20米

建筑名称	桑洛康村	建筑年代	17世纪	
建筑面积（平方米）	995.48	经堂	无	

位于寺庙西区，分为东西两栋和门楼三大部分组成，是座三层楼，夯土墙，初建于第四世班禅时期，建于17世纪，归属于夏孜扎仓

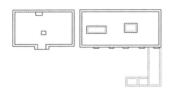 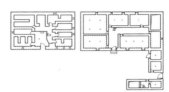

屋顶平面图　　　　　　　　　一层平面图

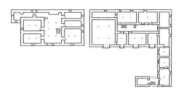 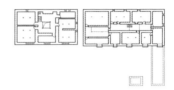

二层平面图　　　　　　　　　三层平面图

南立面图
5　10　　20米

建筑名称	色钦长康	建筑年代	17 世纪	
建筑面积（平方米）	1 161.69	经堂	有	

　　位于寺庙西区最高处，西北两面背靠外墙，主楼为四层，底层为库房，二层以上为僧舍。夯土墙，初建于第四世班禅时期，17 世纪

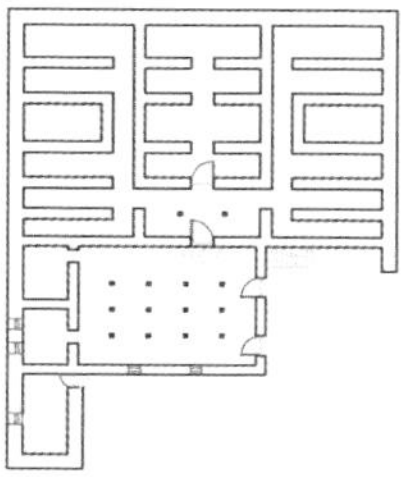

一层平面图 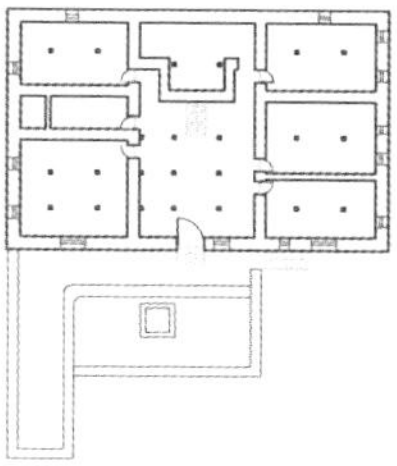　　　　　　　　　二层平面图

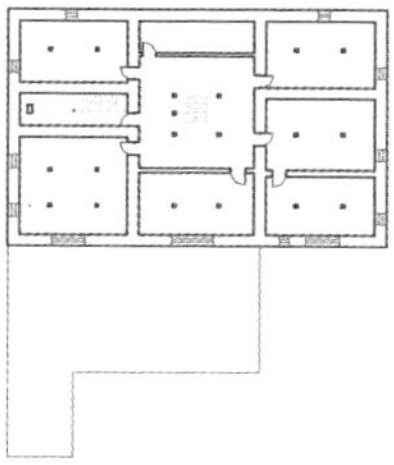

三层平面图 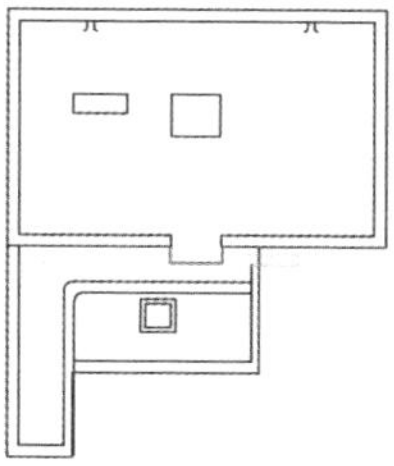　　　　　　　　　屋顶平面图

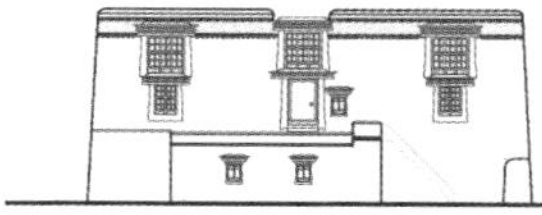

南立面图 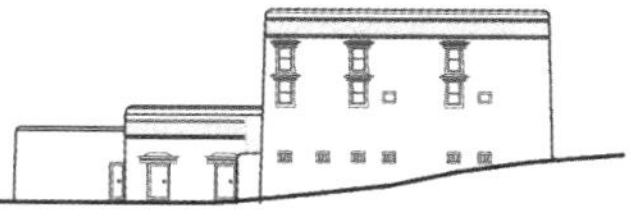　　　　　　　　　燕立面图

5　　10　　　20 米

建筑名称	石霍康村	建筑年代	17 世纪	
建筑面积（平方米）	3 411.9	经堂	有	

　　主楼为四层，回廊是三层楼，过去是来自北部康巴僧人归属米村。归属土萨林扎仓，初建于第四世班禅时期，现有建筑大多是建于百年前

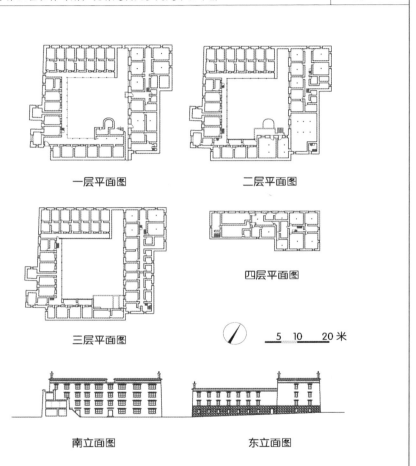

一层平面图　　　　　　　　二层平面图

四层平面图

三层平面图　　　　　　　5　10　　20 米

南立面图　　　　　　　　东立面图

建筑名称	贝林吉康	建筑年代	17世纪
建筑面积（平方米）	874.15	经堂	无

位于门康宁巴背后，主楼为四层，初建于17—18世纪。归属于当钦米村

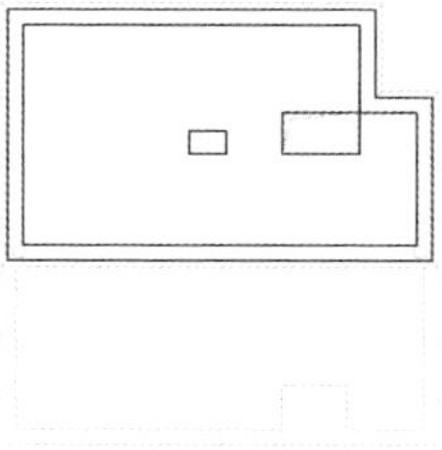

屋顶平面图

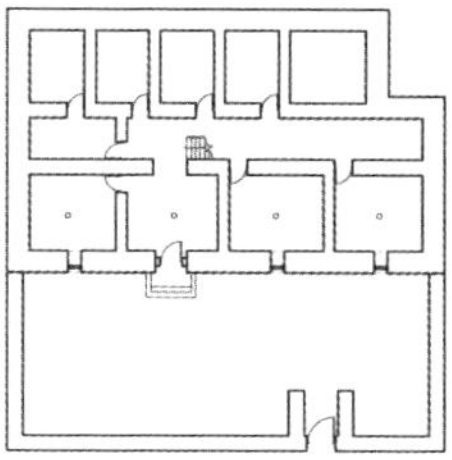

一层平面图

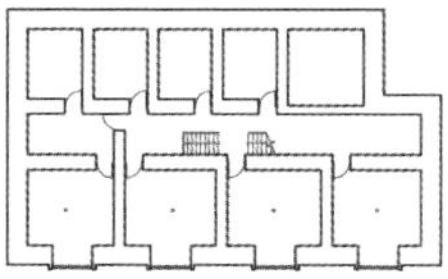

二层平面图

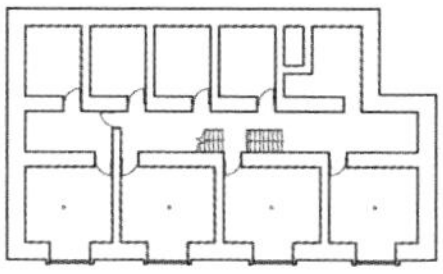

三层平面图

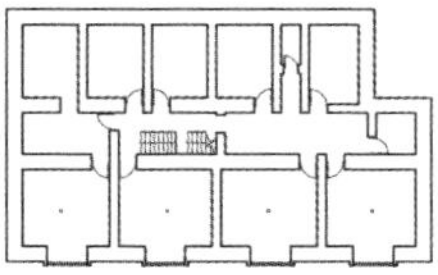

四层平面图

南立面图

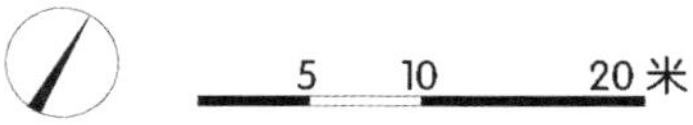

5   10   20米

建筑名称	本仓长康	建筑年代	百年历史
建筑面积（平方米）	1 932.47	经堂	有

主楼为四层，原是属于寺内大贵族的住宅楼，是属于官府，现为僧舍。初建于20世纪初，有百年历史，是九世班禅的经师的住宅楼

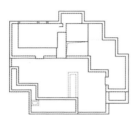
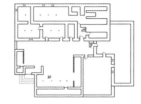

屋顶平面图　　　　　　　　一层平面图

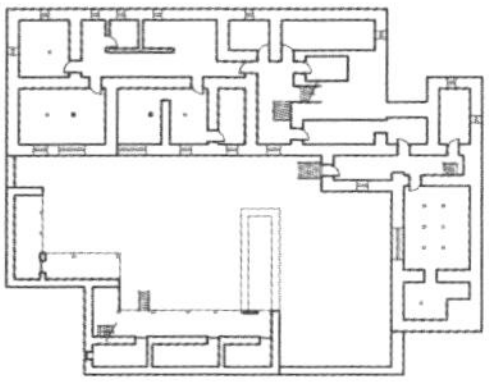

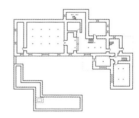

二层平面图　　　　　　　　三层平面图

lh 层平面图　　　　　　　南立面图

5　10　　20 米

建筑名称	拉卡吉康	建筑年代	17世纪
建筑面积（平方米）	1 782.7	经堂	有

分为两栋楼，主楼为四层，附属楼为三层，夯土墙，是一座危房。建于17世纪，归属于吉康扎仓

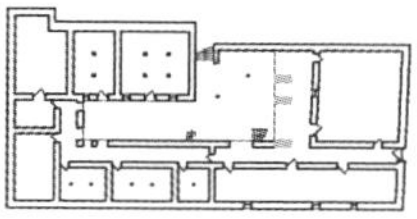

潜层平面图

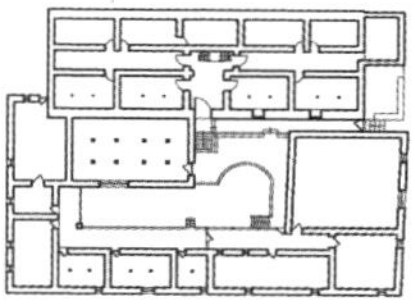

一层平面图

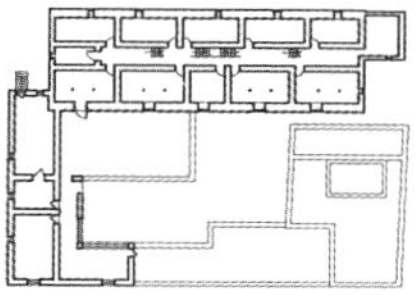

二层平面图

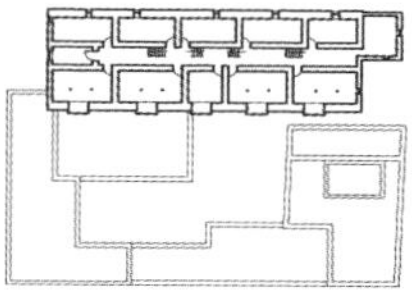

三层平面图

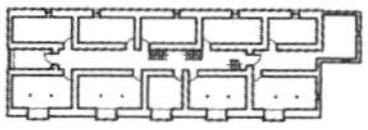

四层平面图

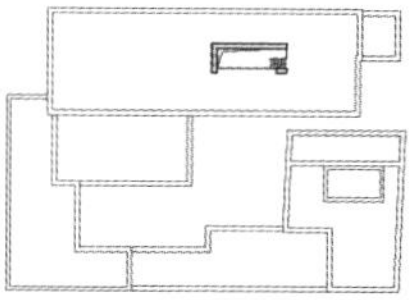

屋顶平面图

东立面图

南立面图

5 10 20米

建筑名称	洛布	建筑年代	17世纪	
建筑面积（平方米）	1 207.5	经堂	有	

位于协巴米村的东面，与协巴米村连接建筑，背面有十世班禅灵塔殿，三层楼天井式建筑，内有一颗果树，夯土墙

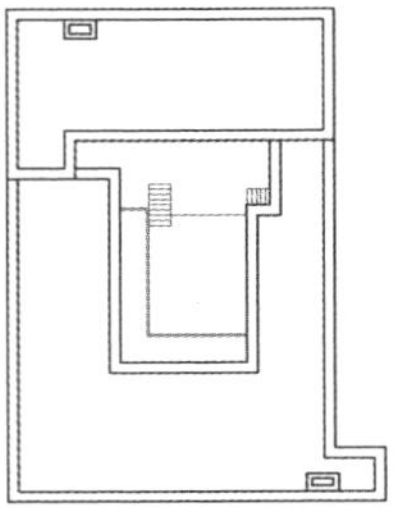

屋顶平面图 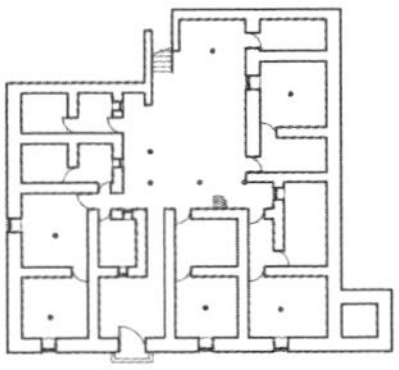　　　　　　　　一层平面图

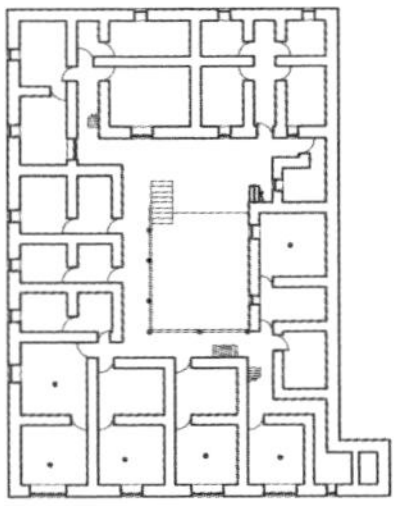

二层平面图 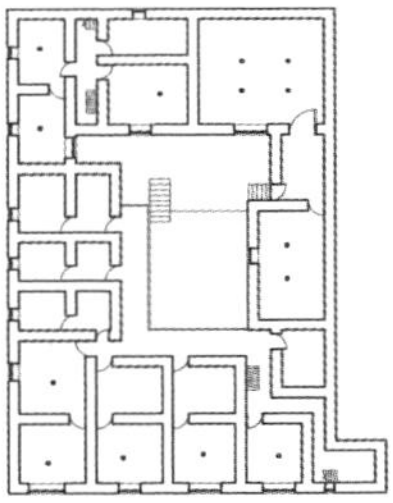　　　　　　　　三层平面图

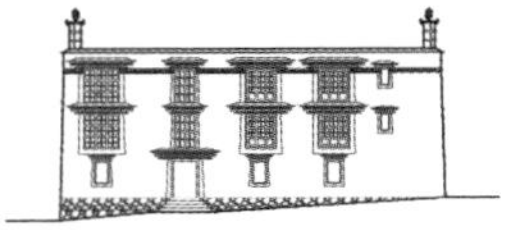

南立面图　　　　　　　5　10　20 米

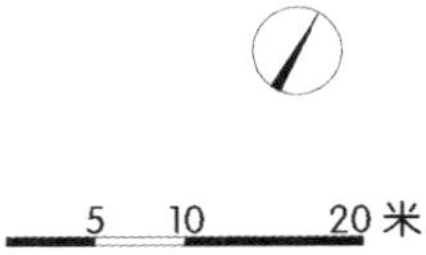

建筑名称	门康宁巴	建筑年代	新建	
建筑面积（平方米）	475.32	经堂	无	

位于民管会西面，原属于扎寺医院，医院新建后作为僧舍，四合院，现代建筑

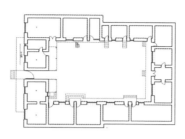

一层平面图

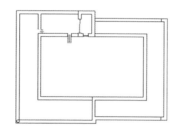

屋顶平面图

南立面图

5 10 20 米

建筑名称	裙觉康萨和群觉康萨夏	建筑年代	19世纪后期	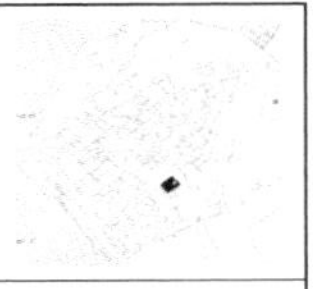
建筑面积（平方米）	2 758.4	经堂	有	
位于寺庙西区扎西孜长康后面，原是大贵族住宅楼，现为僧舍				

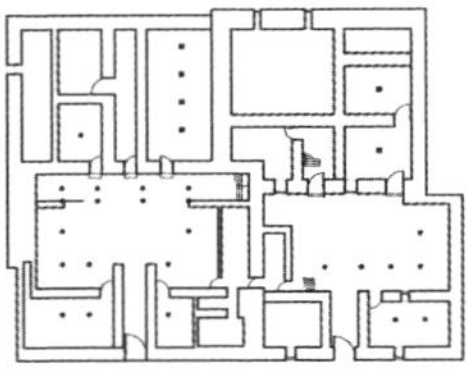

一层平面图

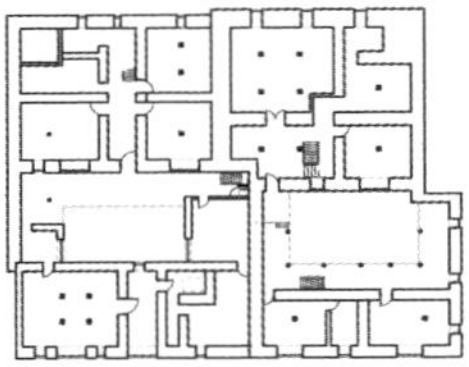

二层平面图

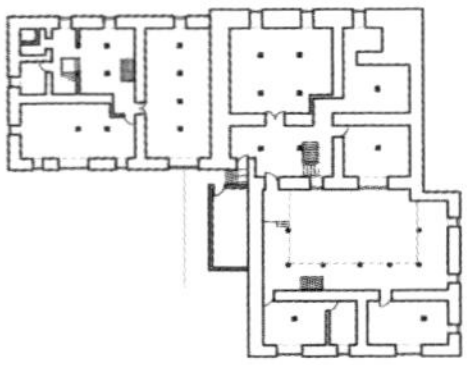

三层平面图

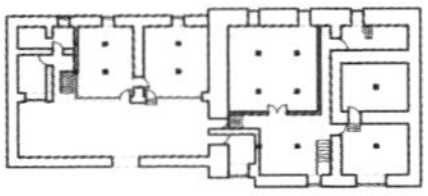

四层平面图

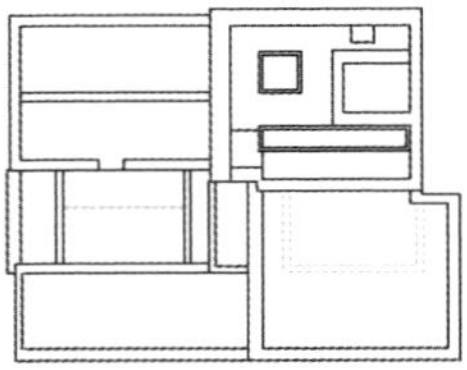

屋顶平面图

南立面图

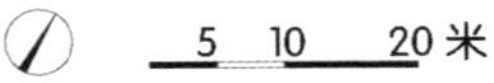

5　10　20米

建筑名称	日卡	建筑年代	15世纪
建筑面积（平方米）	466.7	经堂	有

位于贝都院西面，与贝都连接建筑，主楼为四层，分为东西两栋，院内有一座小楼为两层，是集会殿，现为僧舍，原归属于吉康扎仓

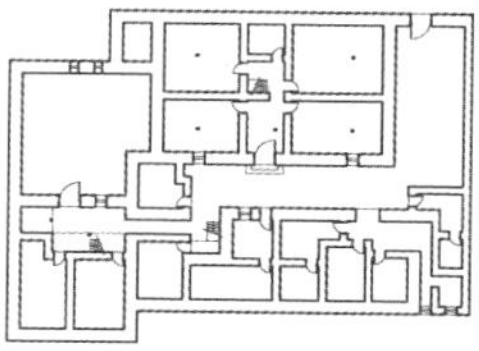

一层平面图

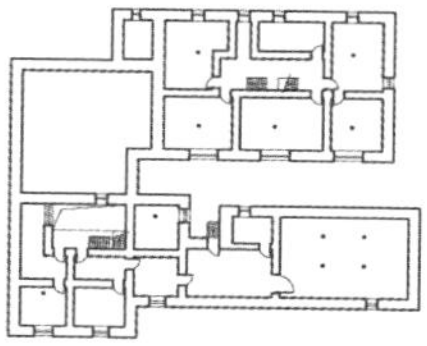

二层平面图

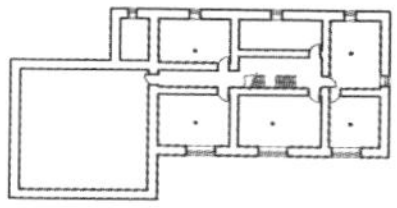

三层平面图

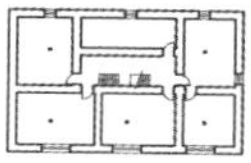

四层平面图

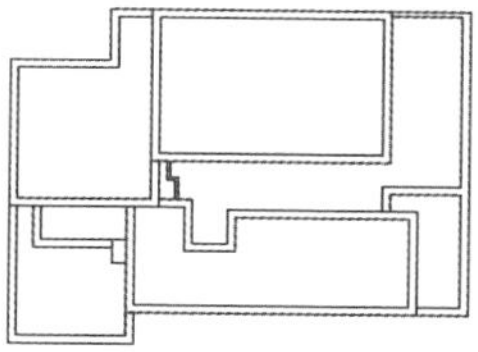

屋顶平面图

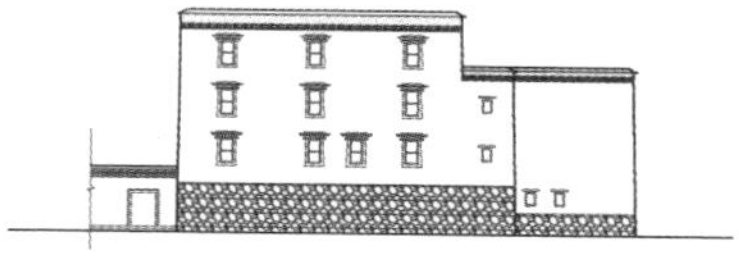

南立面图

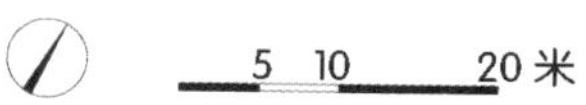

5 10 20 米

建筑名称	桑木丹奴	建筑年代	20世纪90年代
建筑面积（平方米）	928.52	经堂	无

位于寺庙密宗院西面，建于20世纪90年代，土木结构。除库房外还有部分僧舍

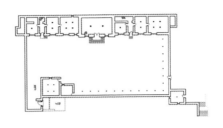

一层平面图

二层平面图

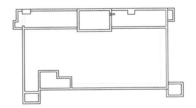

屋顶平面图

南立面图

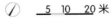

5　10　20米

建筑名称	文物组	建筑年代	17世纪
建筑面积（平方米）	903.29	经堂	有

原是大贵族多旦巴的住宅楼，现为寺庙文管组的办公楼，多旦米村初建于第四世班禅时期，归属于吉康扎仓

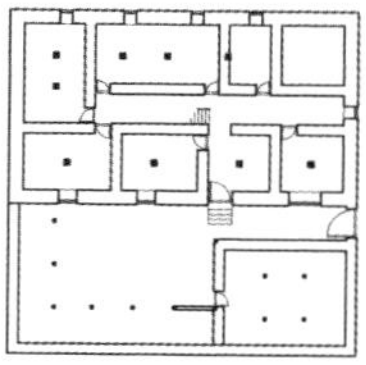

一层平面图

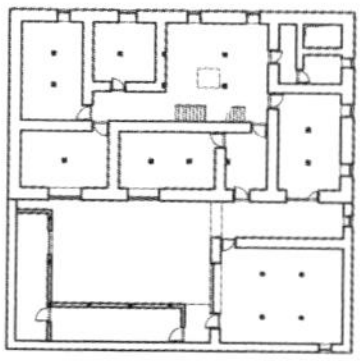

二层平面图

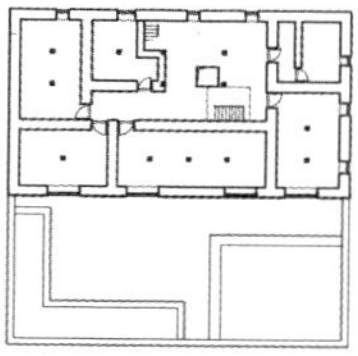

三层平面图

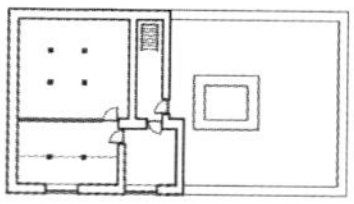

四层平面图

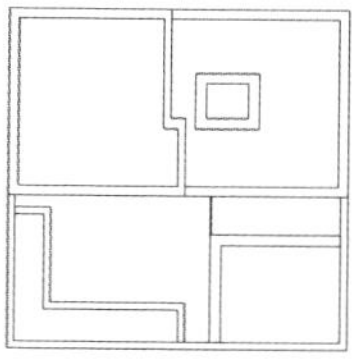

屋顶平面图

南立面图

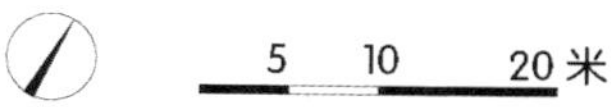

5　10　20米

建筑名称	吴坚宗	建筑年代	17 世纪	
建筑面积（平方米）	822.9	经堂	有	

位于多旦巴楼西，与多旦巴建筑连接，主楼为三层，院正中的集会殿为两层。初建于四世班禅时期，17 世纪。归属于吉康扎仓

一层平面图

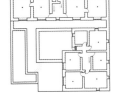

二层平面图

三层平面图

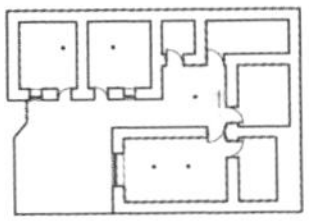

潜层平面图

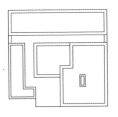

屋顶平面图

南立面图

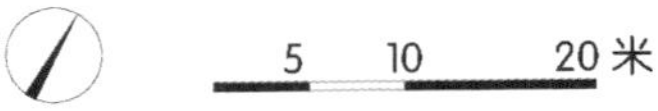

5　10　20 米

建筑名称	协巴	建筑年代	17 世纪
建筑面积（平方米）	2 741.9	经堂	有

位于恩都白塔群北面，主体为四层，夯土墙，正面有两层的集会殿。初建于第四世班禅时期，17 世纪。归属于土萨林扎仓

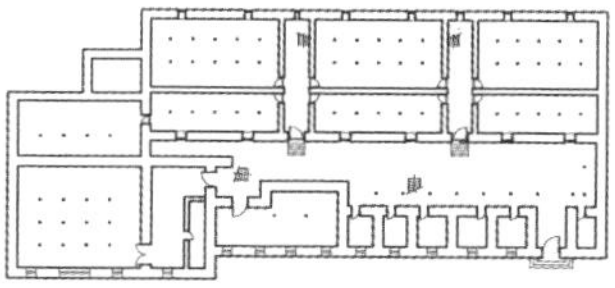

一层平面图

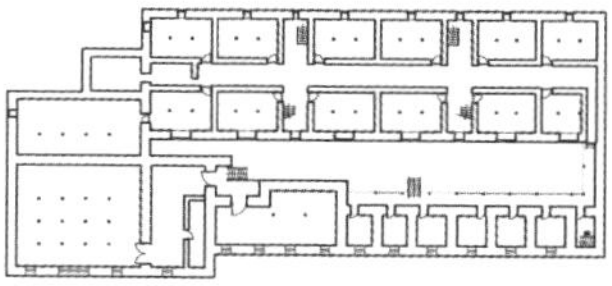

二层平面图

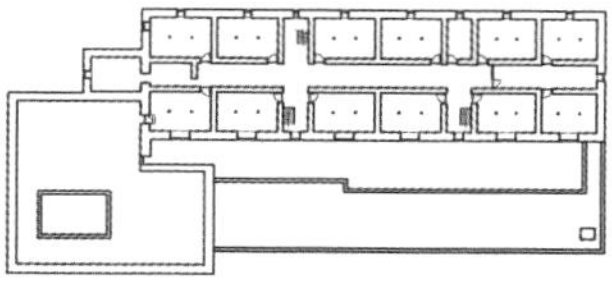

四层平面图

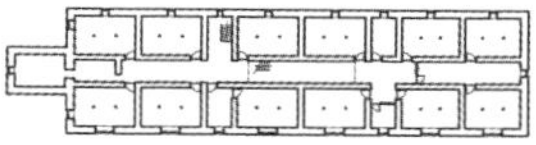

三层平面图

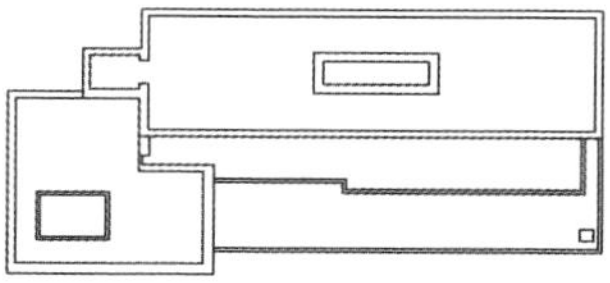

屋顶平面图

南立面图

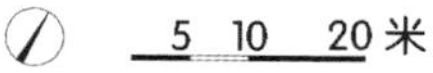

5　10　20 米

建筑名称	官瑟	建筑年代	1816 年	
建筑面积（平方米）	7 932	经堂	有	

是一座古老建筑，是七世班禅旦白尼玛的住宅楼，初建于1816年

一层平面图

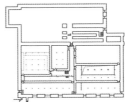

地下一层平面图

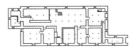

二层平面图

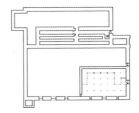

地下二层平面图

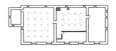

三层平面图

南立面图

5 10 20 米

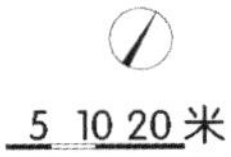

建筑名称	扎西孜长康和 当钦达热	建筑年代	17世纪后期	
建筑面积（平方米）	1 026.7	经堂	有	
现为扎什伦布寺古建公司办公处，西面连接当钦达热，门朝扎什伦布寺大门广场				

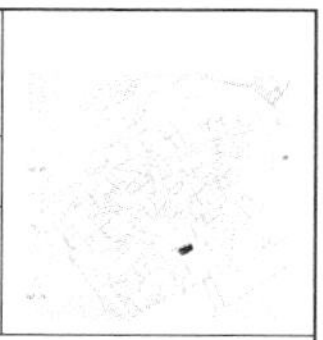

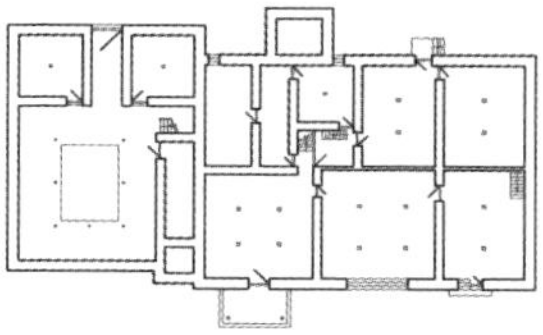

一层平面图 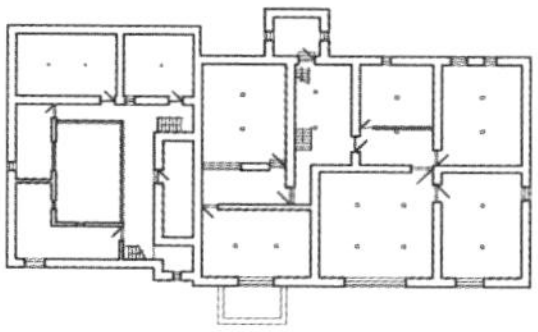　　　　　　　二层平面图

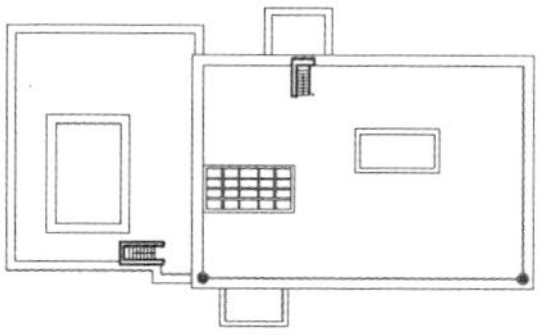

屋顶平面图 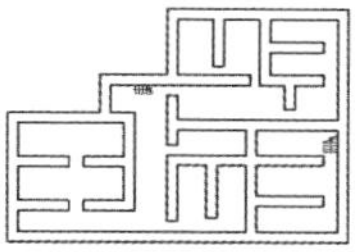　　　　　　　潜层平面图

南立面图

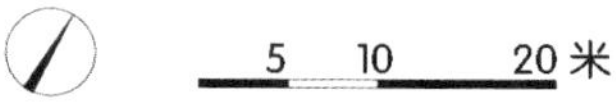

5　10　　20 米

建筑名称	财务组	建筑年代	17世纪
建筑面积（平方米）	874.4	经堂	无

原名彰仓，位于扎什伦布寺中区，吉康扎仓东面，主楼为三层，回廊为两层，夯土墙建筑，屋顶有边玛草砌筑的女儿墙，建于17世纪

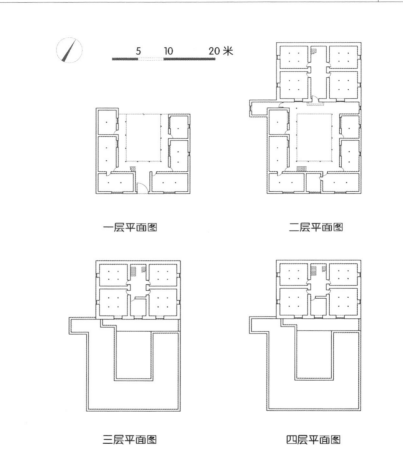

5　　10　　20米

一层平面图　　　　　　　二层平面图

三层平面图　　　　　　　四层平面图

建筑名称	古格米村	建筑年代	15世纪	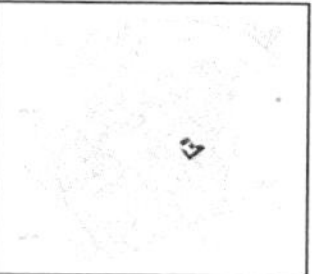
建筑面积（平方米）	1 655	经堂	有	

分为南北两楼，北楼是三层，南楼是二层，另外还有平房集会殿和两层回廊楼，是一座屋顶砌筑有边玛草和夯土墙的古建筑

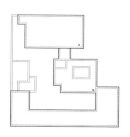

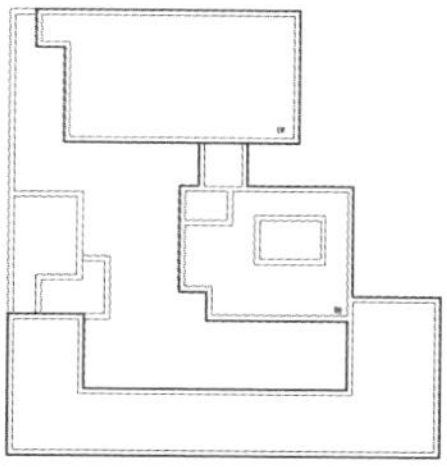

屋顶平面图

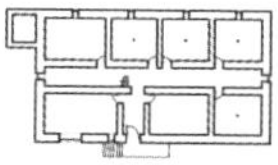

2#一层平面图

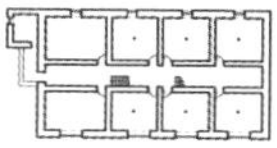

2#二层平面图

1#一层平面图

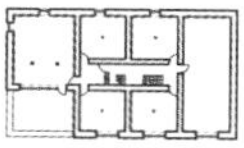

2#三层平面图

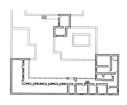

1#二层平面图

南立面图

5 10 20米

建筑名称	吉康扎仓	建筑年代	15 世纪	
建筑面积（平方米）	1 472.3	经堂	有	

扎什伦布寺寺内三大僧院之一，正面有辩经院，主殿四层高的夯土的多角形（坛城形）古建筑，初建于第一世达赖根敦珠巴时期，15 世纪

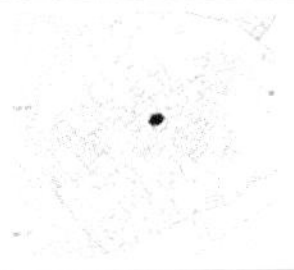

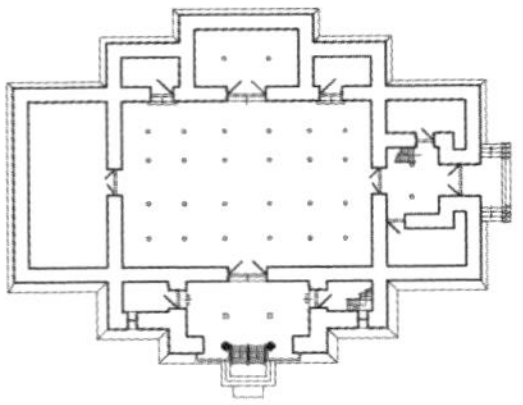

一层平面图 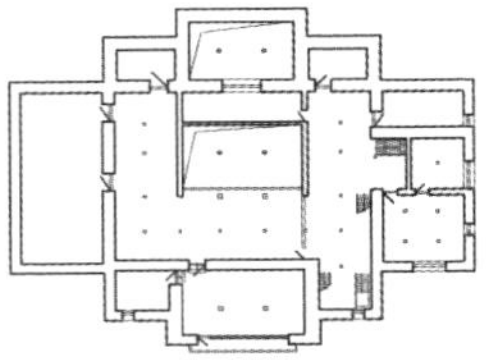　　　　　　二层平面图

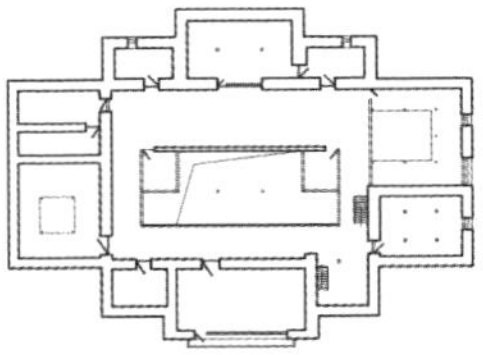

三层平面图 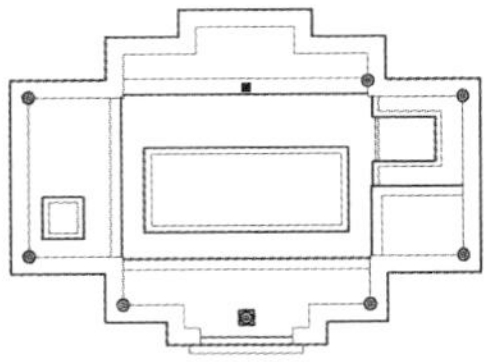　　　　　　屋顶平面图

剖面 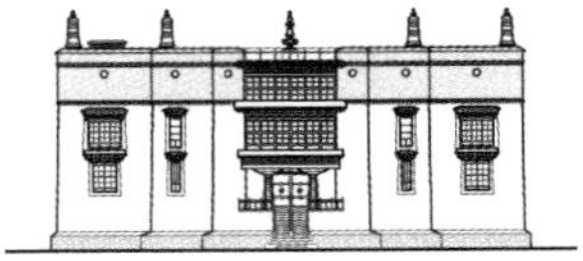　　　　　　南立面图

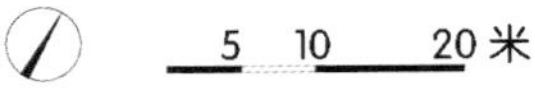

5　10　20 米

建筑名称	吉龙	建筑年代	15世纪
建筑面积（平方米）	422.96	经堂	无

　　位于第四世班禅灵塔殿南侧，寺庙集会大殿西面，分为南北两栋楼，主楼两层，归属于托桑林扎仓

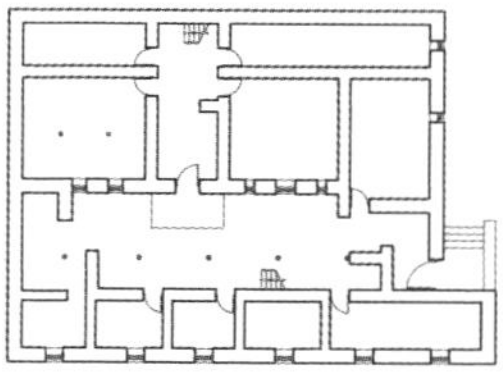

一层平面图

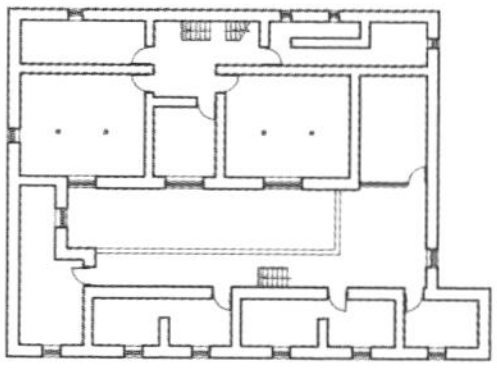

二层平面图

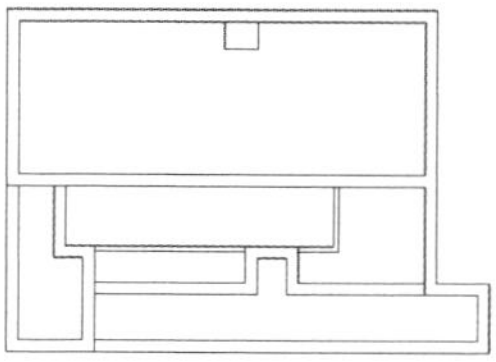

屋顶平面图

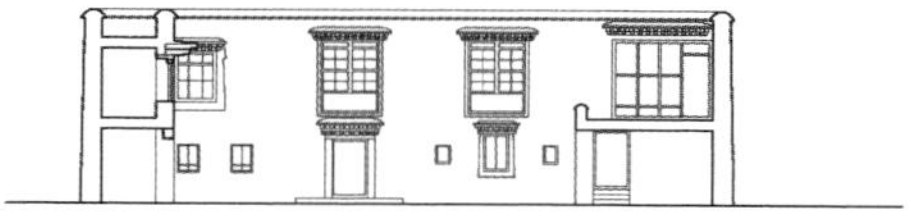

5　　10　　　　20 米

南立面图

5　　10　　　　20 米

建筑名称	吉唐	建筑年代	19世纪末	
建筑面积（平方米）	1 282.3	经堂	无	

位于寺庙大门东侧，医院北面，主楼为四层，底层在地下（属危房）原有二层回廊院后建扎什伦布寺医院时拆除，建于19世纪后期

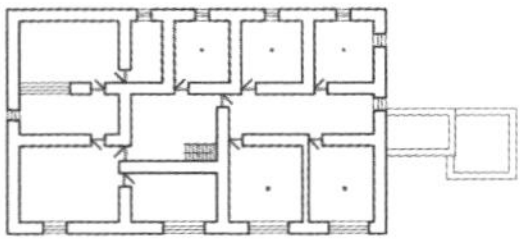

四层平面图 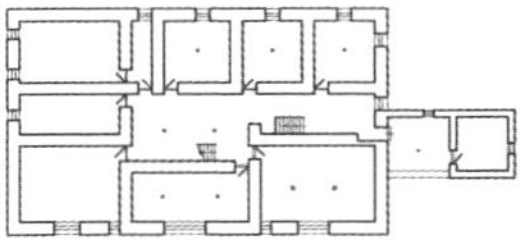　　　　　　　　三层平面图

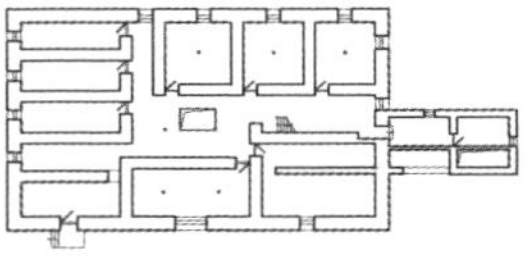

二层平面图 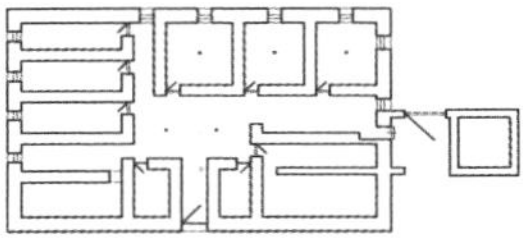　　　　　　　　一层平面图

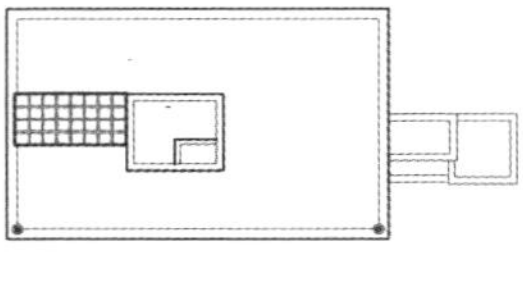

屋顶平面图 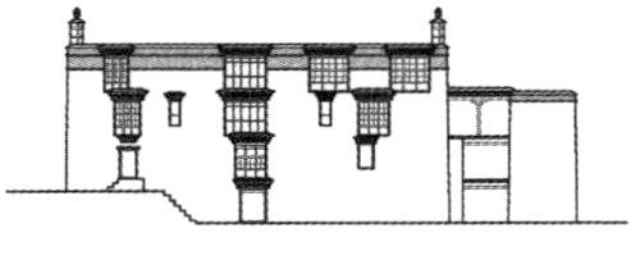　　　　　　　　南立面图

5　10　20 米

建筑名称	旧接待室	建筑年代	20世纪70年代
建筑面积（平方米）	123.8	经堂	无

位于大会堂西侧，扎什伦布寺大门广场正面。土木结构的仿古建筑，单层，建于20世纪70年代初，作为贵宾接待室修建。现作为机动房

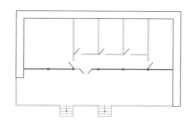

一层平面图

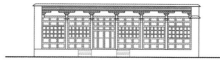

南立面图

5　10　20米

建筑名称	列协林	建筑年代	15 世纪	
建筑面积（平方米）	167.4	经堂	无	
位于财务组西面，吉康扎仓东，正面有平措甘丹院，主体为四层楼。归属于托桑林扎仓，初建于第一世达赖喇嘛根敦珠巴时期				

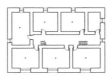

三层平面图　　　　　　　四层平面图

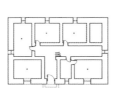

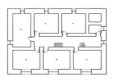

一层平面图　　　　　　　二层平面图

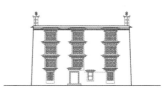

屋顶平面图　　　　　　　南立面图

　　　　　　　　　　5　　10　　20 米

建筑名称	罗布甘丹	建筑年代	15世纪 
建筑面积（平方米）	1 462.9	经堂	有

位于塔巴院北面，财务组东面，主体建筑夯土墙，主楼为四层，正面回廊建筑为两层。归属托桑林扎仓

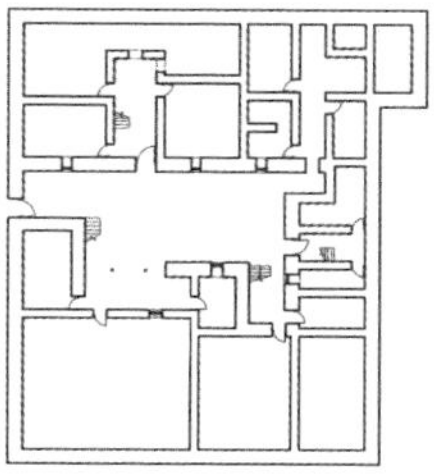

一层平面图 　　　　二层平面图

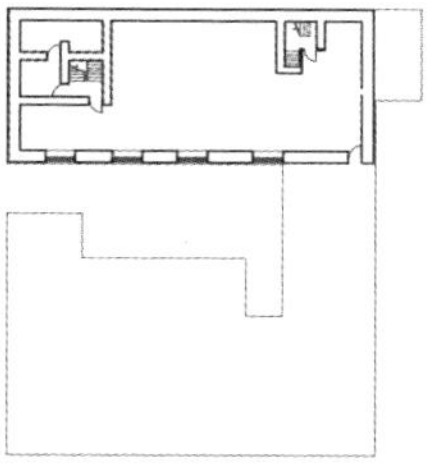

四层平面图 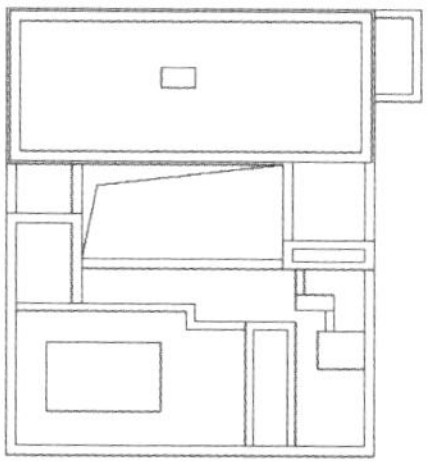　　　　屋顶平面图

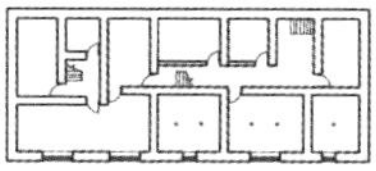

三层平面图 　　　　南立面图

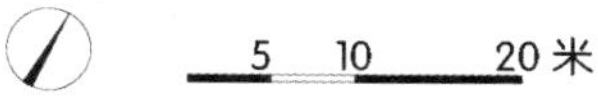

5　10　　20 米

建筑名称	密宗院	建筑年代	1615 年
建筑面积（平方米）	1 960.1	经堂	有

位于寺庙最上部，是一座新建建筑，依山而建，初建于 1615 年，在 1993 年重建

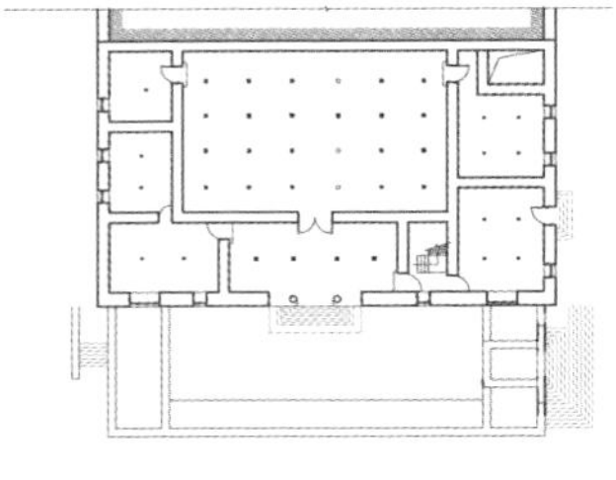

一层平面图

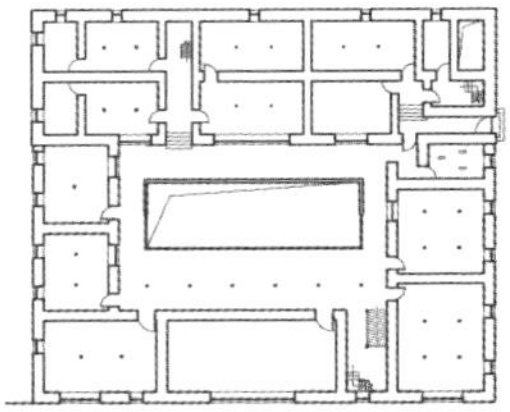

二层平面图

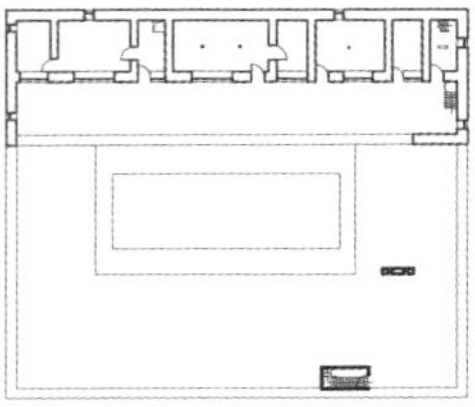

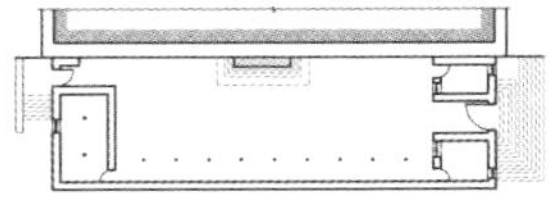

院落层平面图

三层平面图

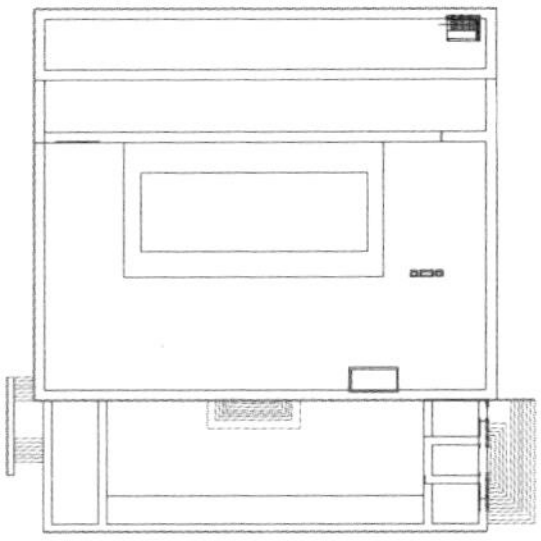

屋顶平面图

南立面图

5　10　20 米

建筑名称	帕苏吉康	建筑年代	17 世纪	
建筑面积（平方米）	1 107.2	经堂	无	

位于夏孜强巴背后，恰春院东面，主楼为三层，前面的回廊为两层。整个建筑夯土而严重下沉陷，归属于吉康扎仓

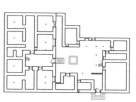

一层平面图

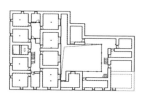

二层平面图

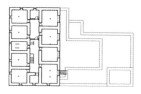

三层平面图

四层平面图

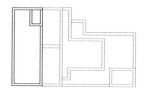

屋顶平面图

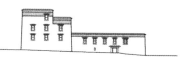

东立面图

5 10 20 米

建筑名称	平措甘丹	建筑年代	17世纪
建筑面积（平方米）	459.1	经堂	无

位于吉康扎仓大院东侧，主楼为三层，小楼小院坐北朝南。建于17世纪，归属于吉康扎仓

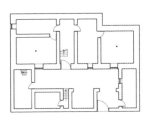

一层平面图

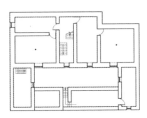

二层平面图

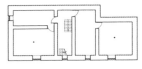

三层平面图

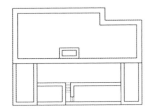

屋顶平面图

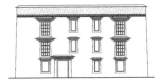

南立面图

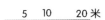

5　10　20 米

建筑名称	普彰色布	建筑年代	20 世纪
建筑面积（平方米）	296.38	经堂	无

位于寺庙最南面的园林内，主体建筑两层，初建于第九世班禅时期，过去是班禅住处，因外部是黄色而称之为普彰色布

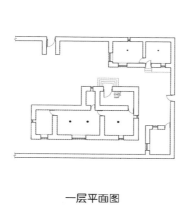

一层平面图

二层平面图

南立面图

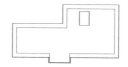

屋顶平面图

5　10　　20 米

建筑名称		齐热	建筑年代	18世纪	
建筑面积（平方米）		1 175.3	经堂	无	

三层楼，原是马房，近几年改造成僧舍。该楼西面有寺庙纪念品商店，南面有大礼堂。齐热初建于第五世班禅时期，18世纪

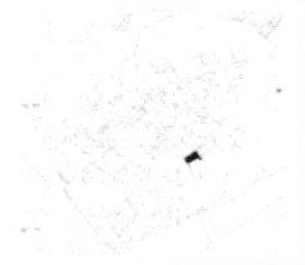

三层平面图

二层平面图

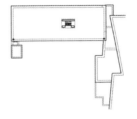

屋顶平面图

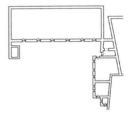

一层平面图

南立面图

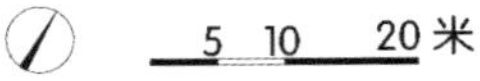

5   10   20米

建筑名称	恰春	建筑年代	16世纪
建筑面积（平方米）	1 790.92	经堂	无

院内的古井是过去扎什伦布寺集会大殿主要水源，是一座夯土墙建筑。屋顶有边玛草砌筑女儿墙。初建于第四世班禅时期，16世纪时期

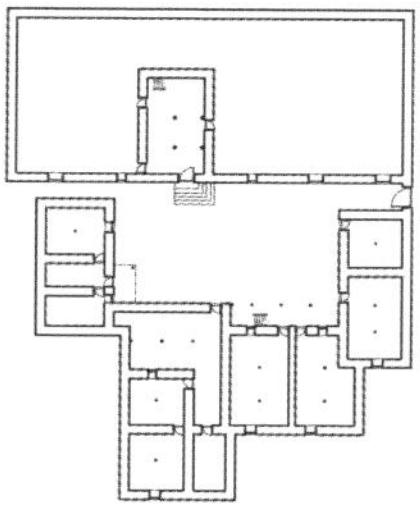

一层平面图 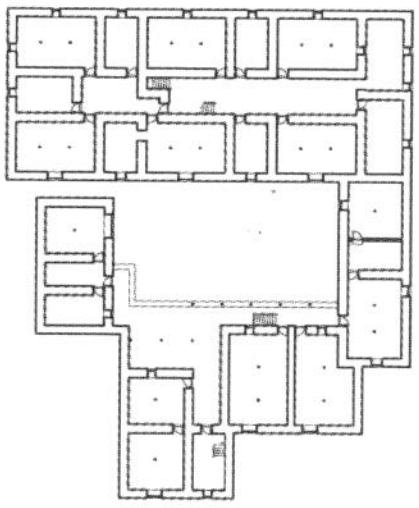　　　　　　二层平面图

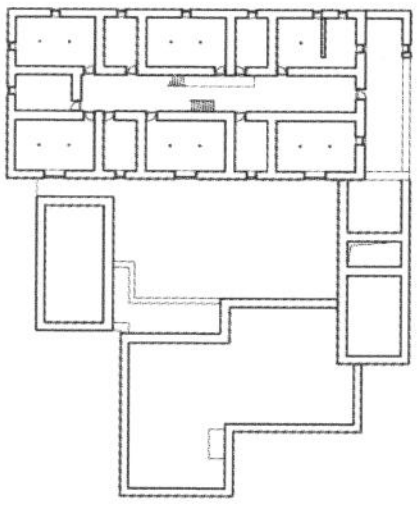

三层平面图 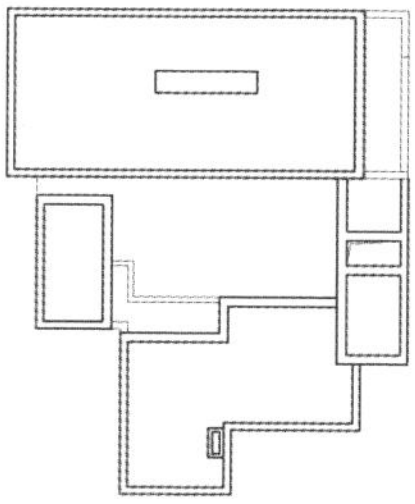　　　　　　屋顶平面图

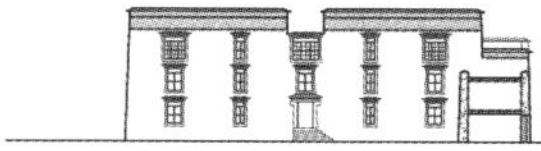

南立面图 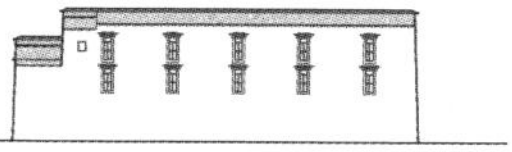　　　　　　北立面图

5　10　　20米

建筑名称	如措米村	建筑年代	15世纪	
建筑面积（平方米）	218.9	经堂	有	

位于吉康扎仓东面，初建于第一世达赖根敦珠巴时期，15世纪，归属于吉康扎仓，院内有集会殿等建筑，现无人居住，是座两层的小楼

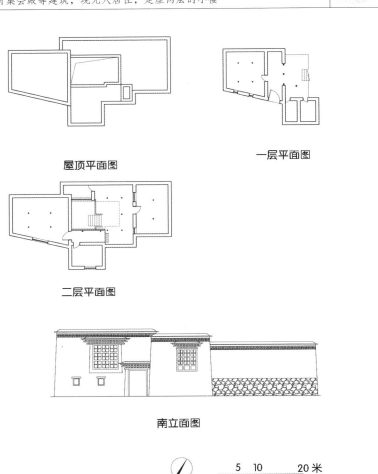

屋顶平面图

一层平面图

二层平面图

南立面图

5　10　　20米

建筑名称	色康	建筑年代	17世纪 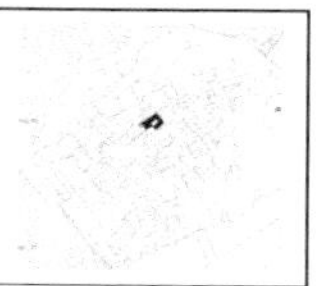
建筑面积（平方米）	1 962.9	经堂	有

位于吉康扎仓后面，主楼为四层，南楼为三层，除僧舍外还有集会殿。也称为阿康宁巴，就是旧密宗院，归属于托桑林扎仓

一层平面图

二层平面图

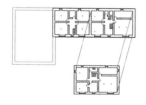

三层平面图

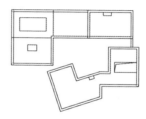

屋顶平面图

南立面图

潜层平面图

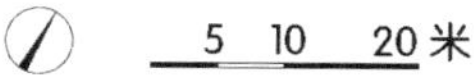

5 10 20米

建筑名称	色琼	建筑年代	17世纪
建筑面积（平方米）	180	经堂	无

位于色康的东面，是座两层的小楼，僧舍归属于托桑林扎仓

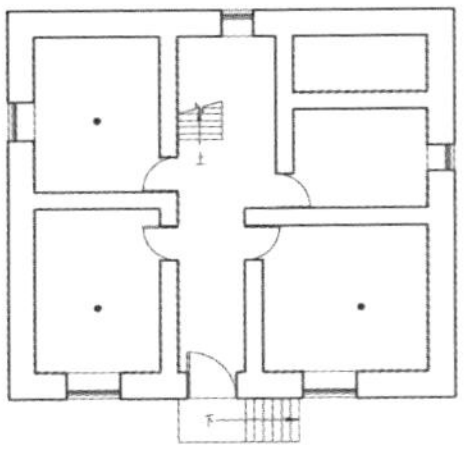

一层平面图

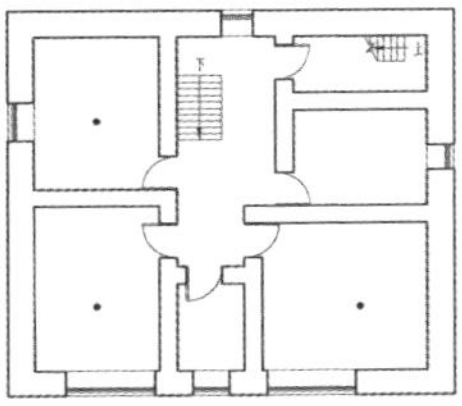

二层平面图

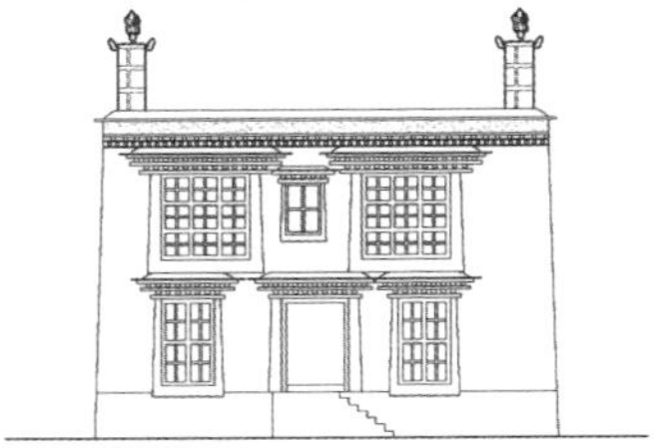

南立面图

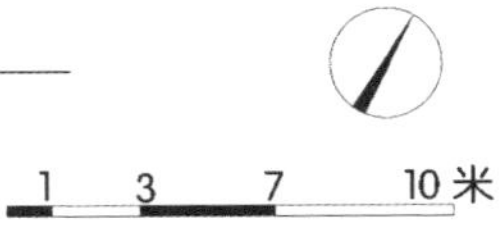

1 3 7 10米

建筑名称	生产组	建筑年代	19 世纪
建筑面积（平方米）	1 961.2	经堂	无

原名班觉热杰，初建于19世纪初，原是粮库，主楼为四层，夯土墙，上部有边玛草砌筑的女儿墙。现在是扎什伦布寺生产组办公处

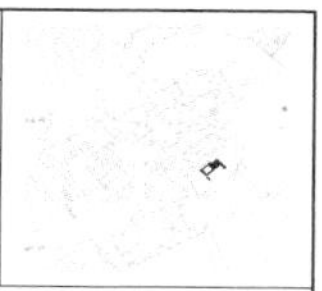

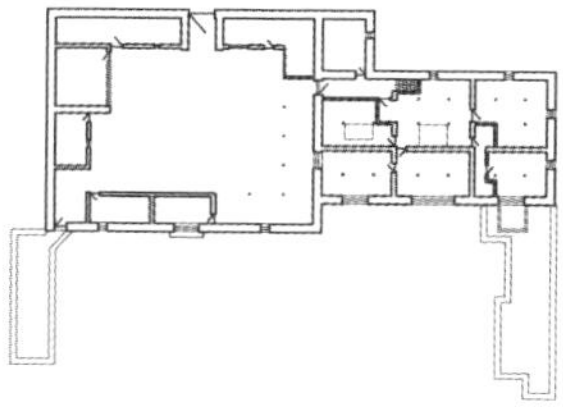

四层平面图

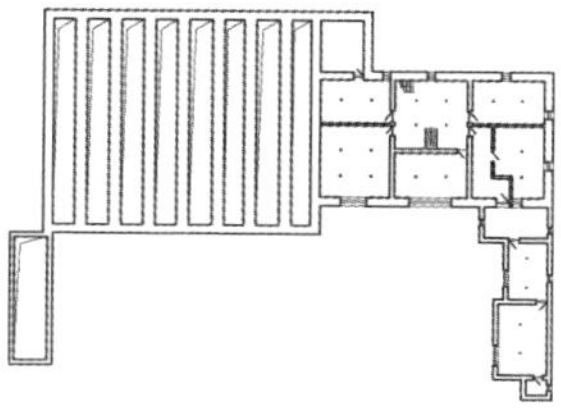

三层平面图

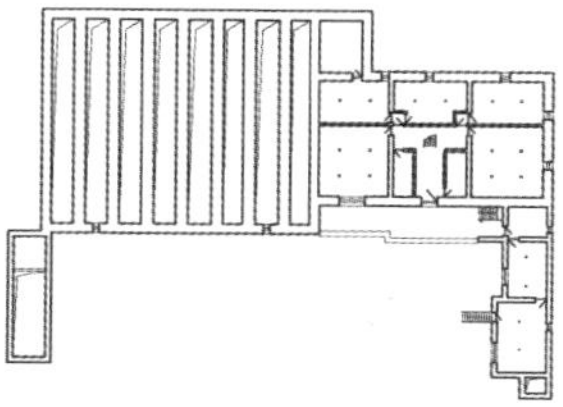

二层平面图

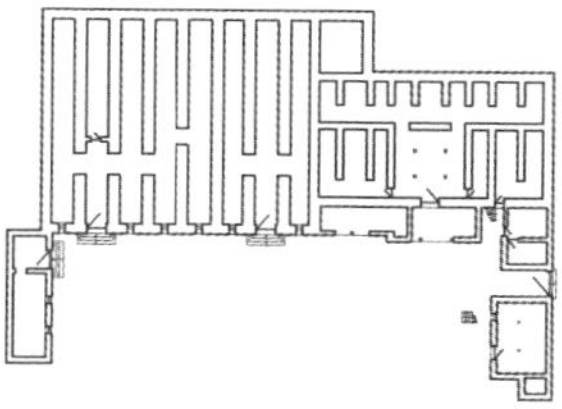

一层平面图

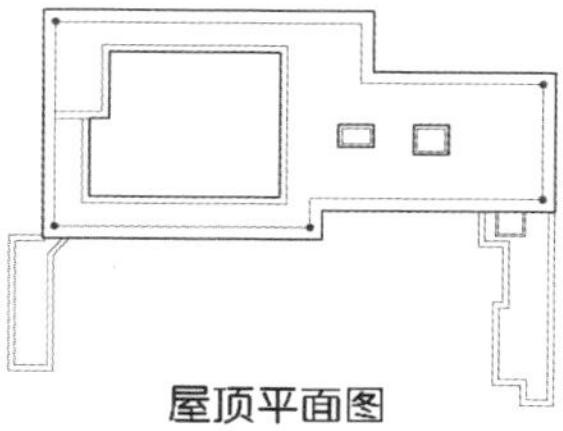

屋顶平面图

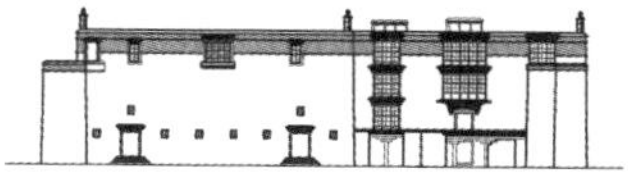

南立面图

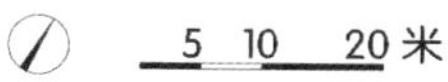

5 10   20 米

建筑名称	塔巴	建筑年代	15 世纪
建筑面积（平方米）	1 230.6	经堂	有

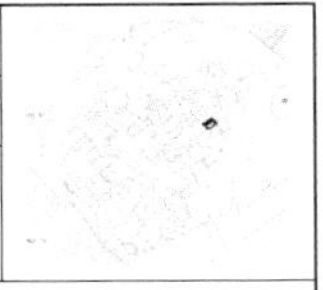

位于罗布甘丹南面和帕苏吉康北面，主楼为四层，配楼为两层，整体是夯土墙而顶层为土坯建筑，归属于吉康扎仓

一层平面图

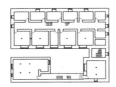

二层平面图

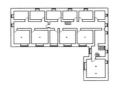

三层平面图

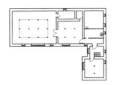

四层平面图

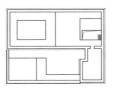

屋顶平面图

南立面图

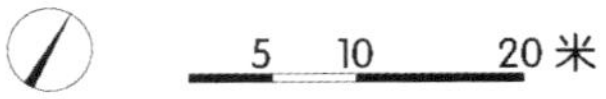

5 10 20 米

建筑名称	杂吾巴热	建筑年代	20 世纪初	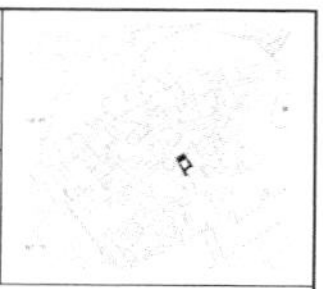
建筑面积（平方米）	1 678	经堂	无	

　　位于寺庙民管委东面，整个建筑分为东西两栋和回廊等三大部分组成。三层楼院内有几棵果树，僧舍。归属于达木瓦米村，建于 20 世纪初

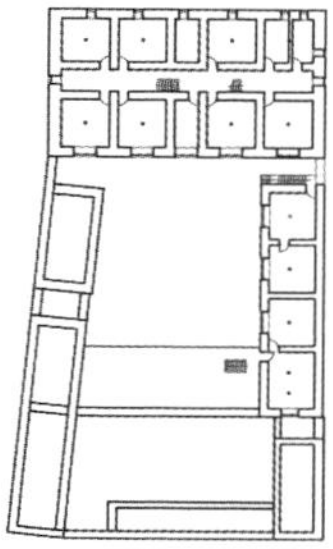

三层平面图 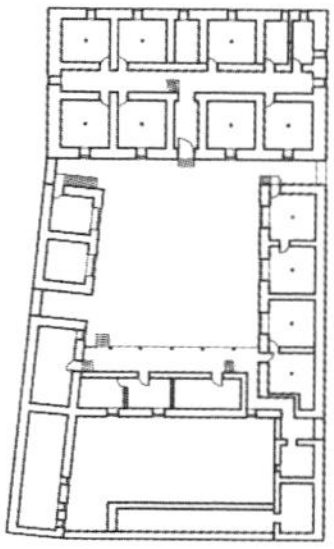　　　　　　　　二层平面图

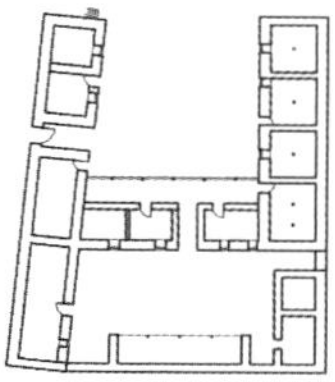

一层平面图 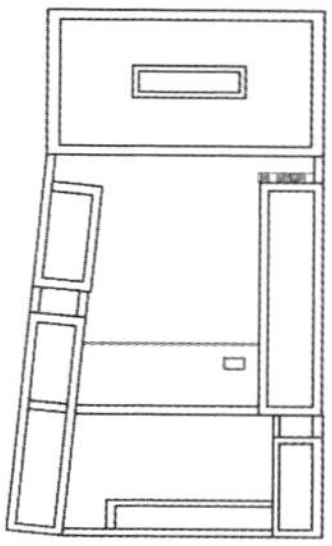　　　　　　　　屋顶平面图

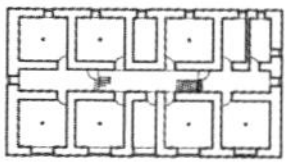

四层平面图 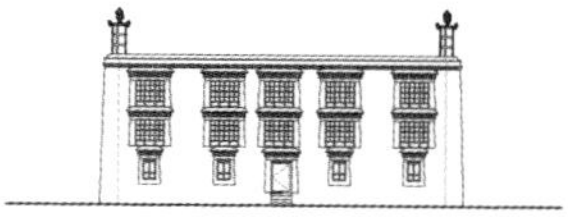　　　　　　　　南立面图

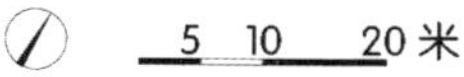

5　10　　20 米

建筑名称	宗嘎吉康贡	建筑年代	17 世纪	
建筑面积（平方米）	406.3	经堂	无	

位于卓卡夏东侧，章仓小楼西面，是一座土坯房三层楼，初建于第四世班禅时期，归属于托桑林扎仓

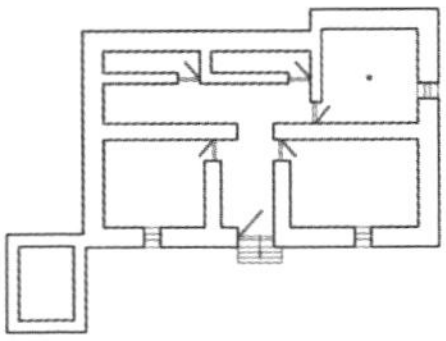

一层平面图

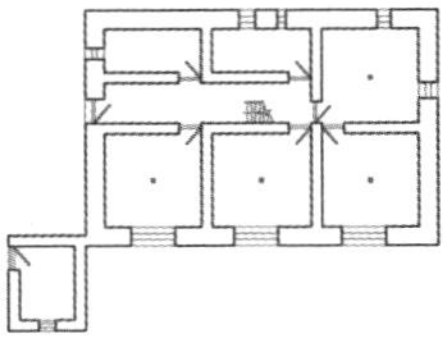

二层平面图

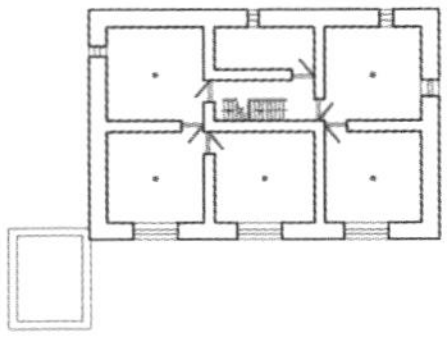

三层平面图

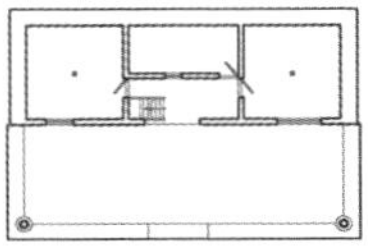

四层平面图

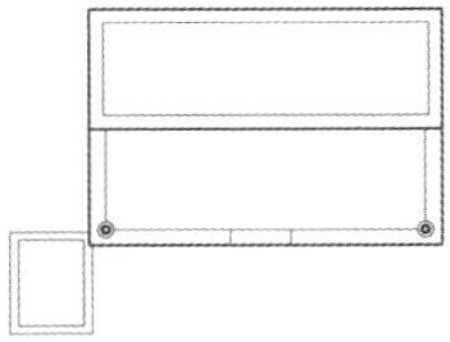

屋顶平面图

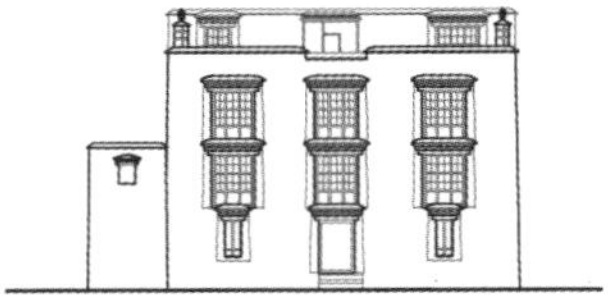

南立面图

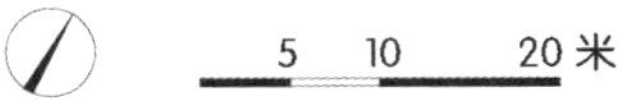

5 10   20 米

建筑名称	查仓觉杰	建筑年代	16世纪	
建筑面积（平方米）	1 183	经堂	无	
位于寺庙东区觉杰院西面，是一座高四层，用夯土砌筑的顶部有边玛草的长方形建筑。初建于16世纪，归属于恰东米村公房				

三层平面图

二层平面图

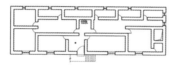

一层平面图

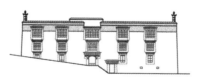

南立面图

  5 10 20米

建筑名称	常庆吉欧和卓修康	建筑年代	17 世纪	
建筑面积（平方米）	1 278.8	经堂	无	

位于寺庙东区查仓曲觉的南边，是一座无院子的三层夯土砌筑小楼，归属于土萨林扎仓。与其西面相连的卓修康有两百多年的历史

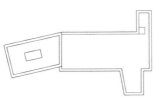

屋顶平面图

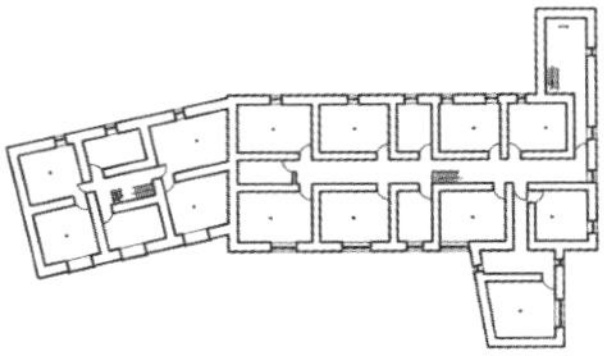

三层平面图

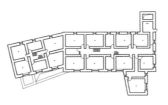

二层平面图

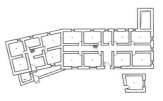

四层平面图

南立面图

5 10   20 米

建筑名称	春卡部	建筑年代	15世纪 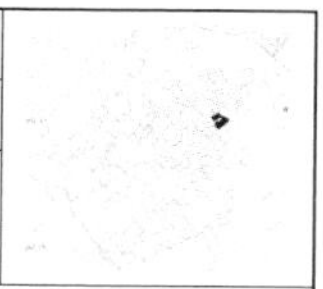
建筑面积（平方米）	2 082.2	经堂	有

　　北楼为四层夯土砌筑，南楼用土坯砌筑的只有三层，是属于寺内较大的建筑院落，初建于第一世达赖喇嘛根敦珠巴时期，归属于夏孜扎仓

一层平面图 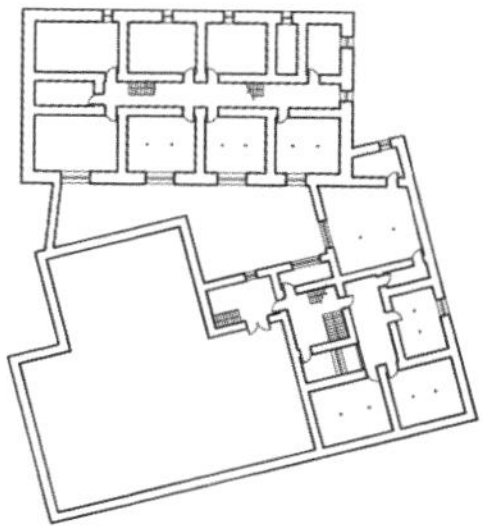　　　　　　　　　　二层平面图

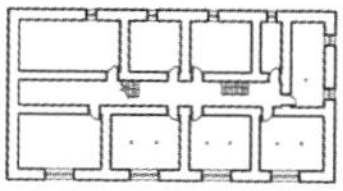

三层平面图 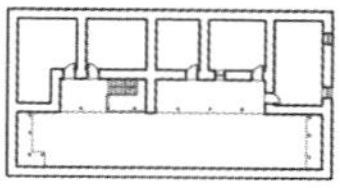　　　　　　　　　　四层平面图

 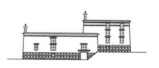

潜层平面图　　　　　　　　　　东立面图

5　10　　　20 米

建筑名称		觉杰	建筑年代	19世纪	
建筑面积（平方米）		385.4	经堂	无	

位于寺庙东区，西乃南面分为南北两栋楼，其中主楼为夯土建筑四层楼，南边有二层夯土小楼，初建于19世纪后期，归春卡部米村

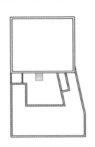

屋顶平面图

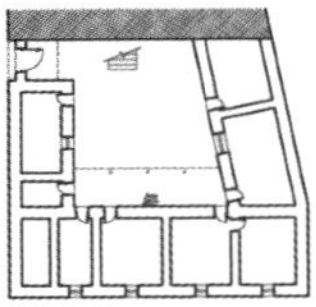

一层平面图

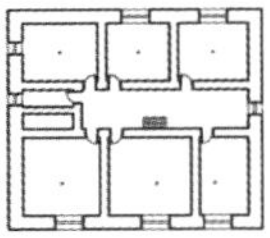

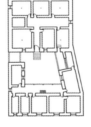

二层平面图

四层平面图

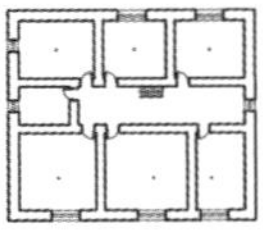

五层平面图

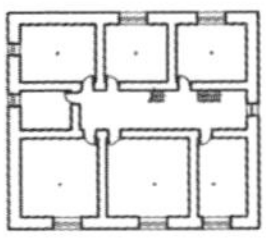

三层平面图

南立面图

5   10   20 米

建筑名称	杰钦孜	建筑年代	17世纪
建筑面积（平方米）	1 346.3	经堂	有

主体建筑为夯土，局部为土坯房，是一座高四层较大的古建筑，初建于第四世班禅时期，而现在的建筑是20世纪初重建。归属于托桑林扎仓

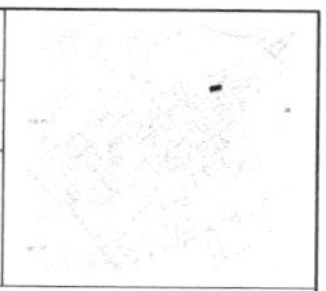

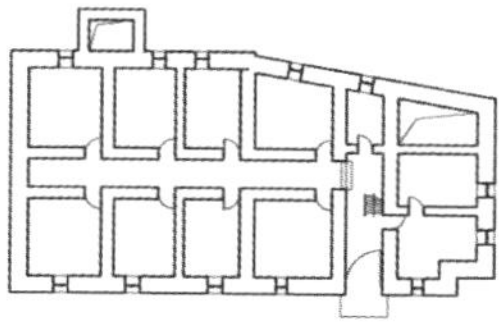

一层平面图

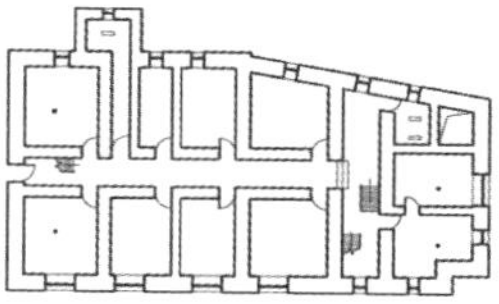

二层平面图

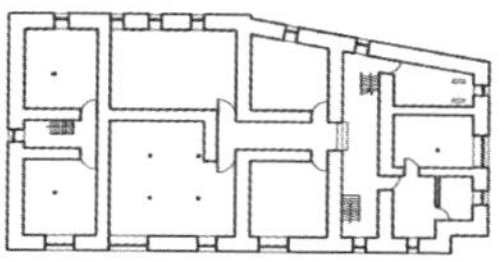

三层平面图

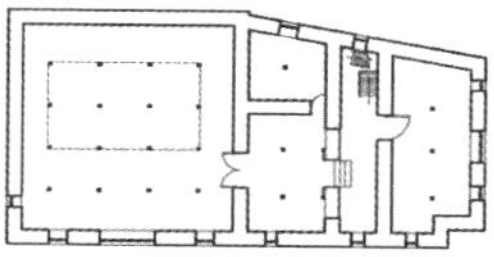

四层平面图

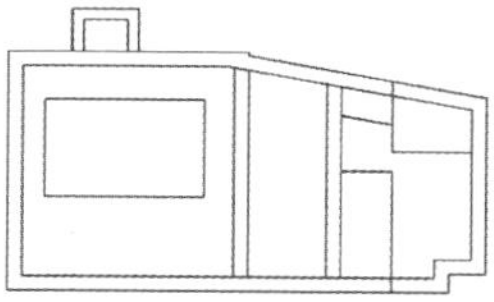

屋顶平面图

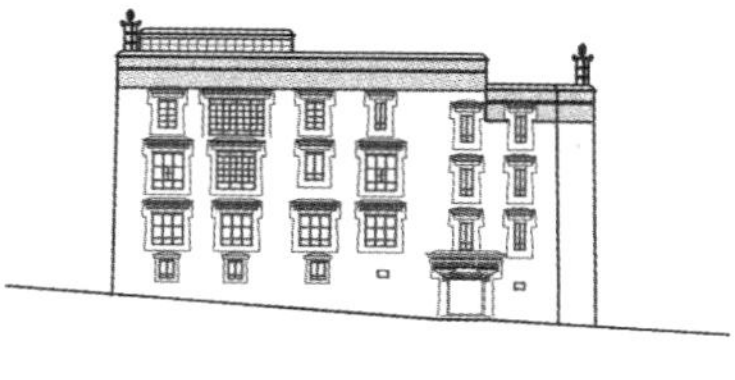

南立面图

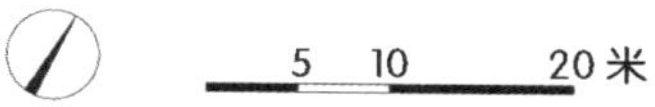

5　10　20 米

建筑名称	康萨庆莫	建筑年代	17世纪	
建筑面积（平方米）	1 412.5	经堂	无	

　　位于寺庙东区土康东面，拉卡吉康夏西面，分为东西两栋楼，东楼土坯房三层，西楼夯土墙四层。原是一户贵族住宅楼，初建于17世纪

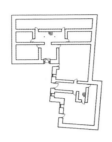

一层平面图

二层平面图

三层平面图

四层平面图

南立面图

5　10　　20米

建筑名称	拉卡拉康夏	建筑年代	15世纪
建筑面积（平方米）	429.5	经堂	有

位于寺庙东区杰钦孜对面南侧，是一座用夯土砌筑城的三层小楼，无院子，初建于15世纪时期，归属于吉康扎仓

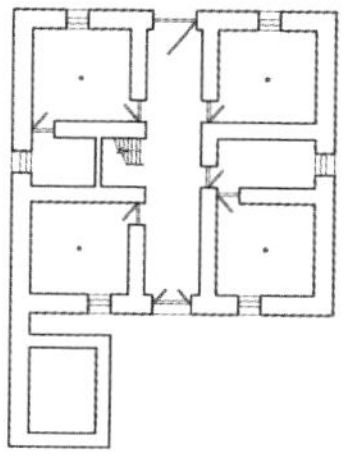

一层平面图 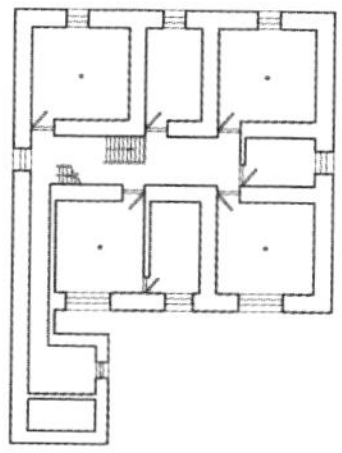　　　　　　　　二层平面图

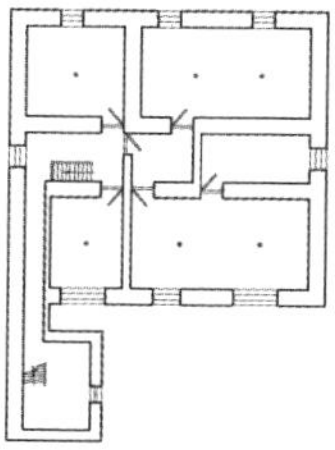

三层平面图 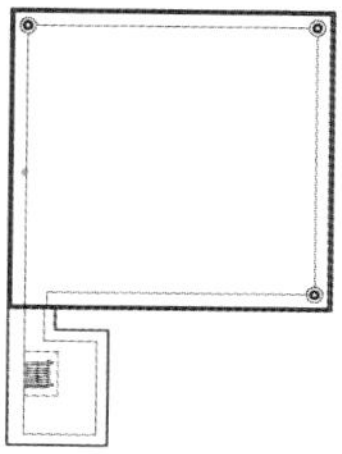　　　　　　　　屋顶平面图

南立面图

5　10　　20米

建筑名称	乃宁曲康	建筑年代	15世纪
建筑面积（平方米）	679	经堂	无

位于寺庙东区于卓修康连接，主楼为三层，底层为石头，上部为土坯砌筑，整个建筑为三角形，初建于一世达赖时期，归属于托桑林扎仓

一层平面图　　　　　　　　　　二层平面图

三层平面图　　　　　　　　　　屋顶平面图

南立面图

5　10　　20米

建筑名称	乃宁色热	建筑年代	15世纪	
建筑面积（平方米）	593.4	经堂	无	

　　位于寺庙集会大殿的前面，长方形建筑，主楼为三层，院内建筑为两层集会殿，初建于15世纪，归属于夏孜扎仓，是寺内较早的建筑之一

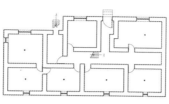

一层平面图

二层平面图

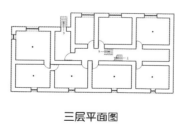

三层平面图

0　2
1　　5 米

建筑名称	潘觉康萨	建筑年代	17 世纪	
建筑面积（平方米）	2 062.2	经堂	未知	

位于寺内东区羌色康北对面，主建筑用夯土墙砌筑，屋顶部分砌筑有边玛草，底层是仓库，过去是属于大贵族潘德康桑的住宅楼

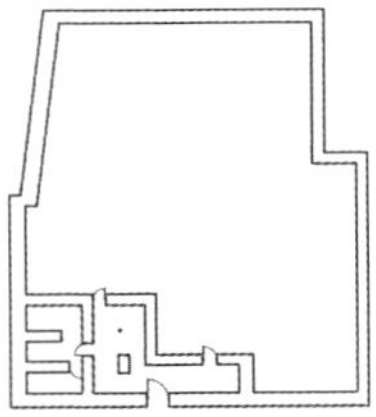

一层平面图

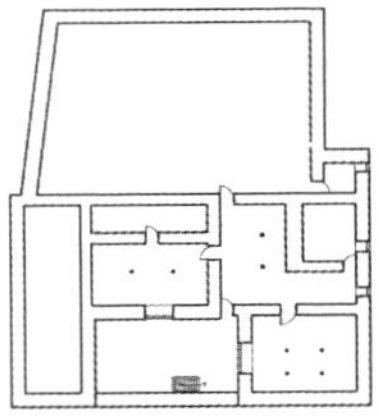

二层平面图

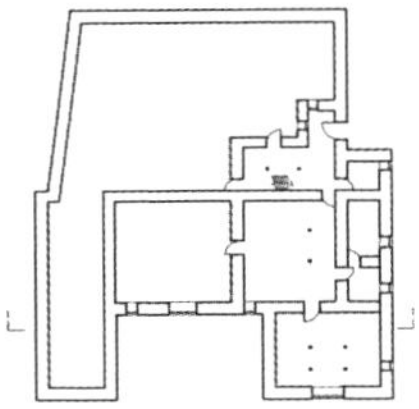

三层平面图

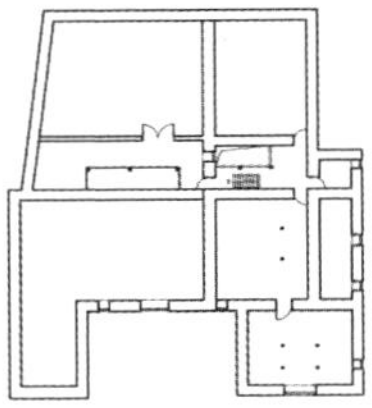

四层平面图

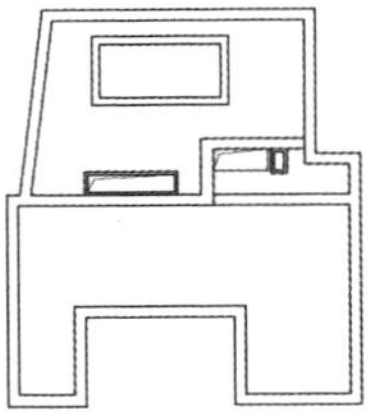

屋顶平面图

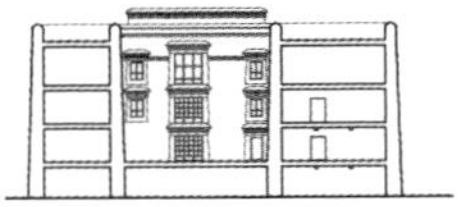

剖面

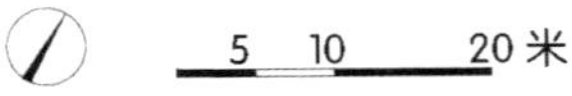

5 10 20 米

建筑名称	羌色康	建筑年代	1988 年 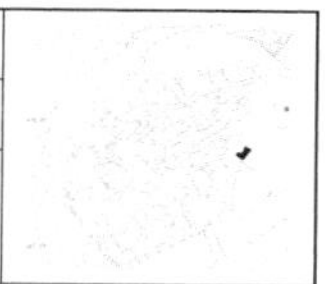
建筑面积（平方米）	1 027.8	经堂	无

钢筋混凝土建筑，建于1988年，位于寺庙东南，其南面为扎什伦布寺跳神台，上覆有桁架顶棚

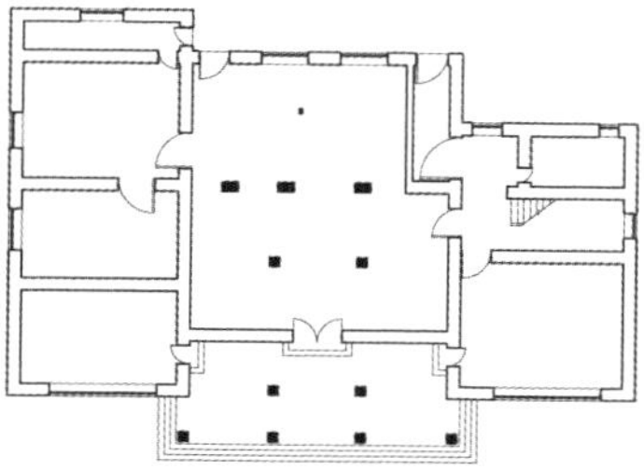

一层平面图

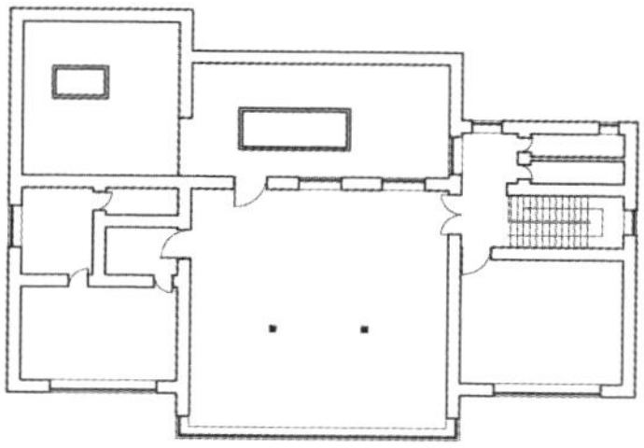

二层平面图

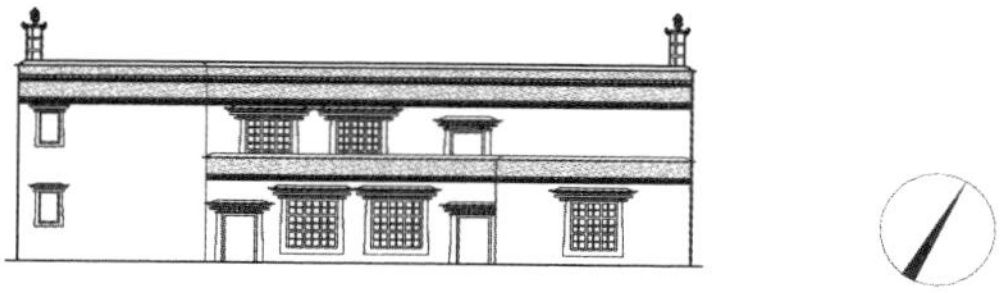

南立面图

5   10   20 米

建筑名称	桑旦林	建筑年代	1997
建筑面积（平方米）	675.8	经堂	无

位于夏孜扎仓上部，是新建的僧舍，土坯房，三层楼

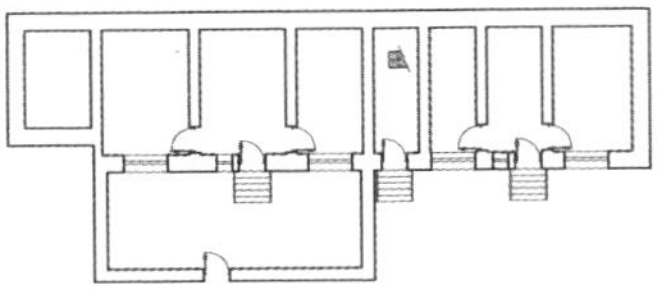

一层平面图

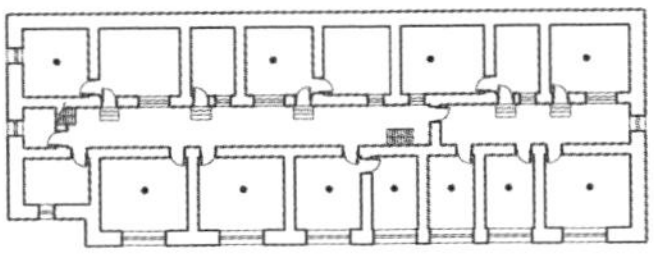

二层平面图

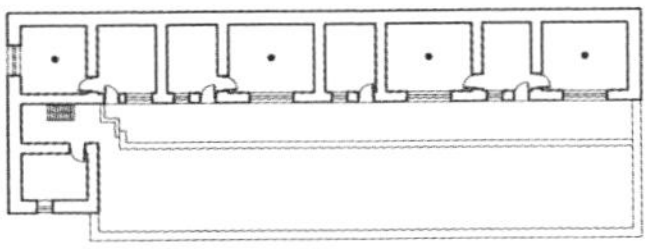

三层平面图

南立面图

5　　10　　　20米

建筑名称	桑珠甘丹	建筑年代	17世纪	
建筑面积（平方米）	954.6	经堂	无	

位于喜乃的西面，宗琼的南面，是一座高四层的夯土砌筑的古建筑。初建于17世纪，归属于杰钦孜米村

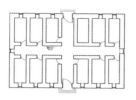

一层平面图

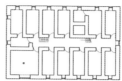

二层平面图

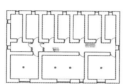

三层平面图

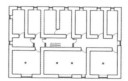

四层平面图

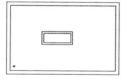

屋顶平面图

南立面图

5　10　　20米

建筑名称	苏康	建筑年代	15世纪	
建筑面积（平方米）	238.6	经堂	无	

位于寺庙最东边，西边靠近洛瓦，是一座无院子的夯土墙建筑四层独楼，底层严重下沉，危房，建于一世达赖根敦珠巴时期

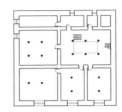

一层平面图   二层平面图

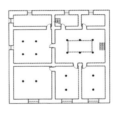

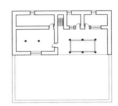

三层平面图   四层平面图

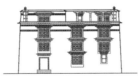

南立面图

5 10 20 米

建筑名称	土康	建筑年代	新建	
建筑面积（平方米）	215.7	经堂	无	

位于乃宁色热楼房东南边，是属寺庙集会时的厨房，门向北的小平房，是一座新建的土坯房

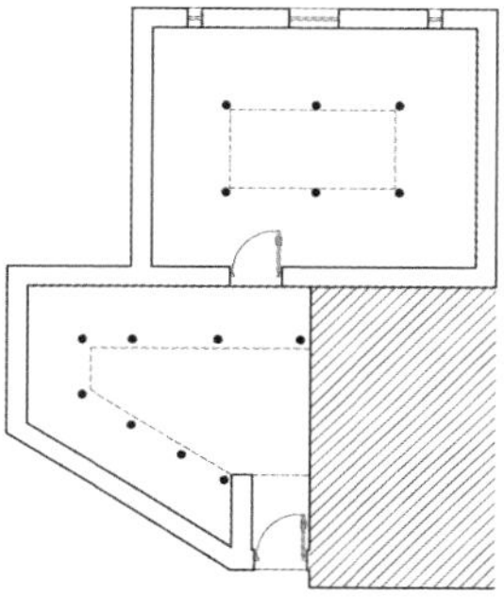

一层平面图 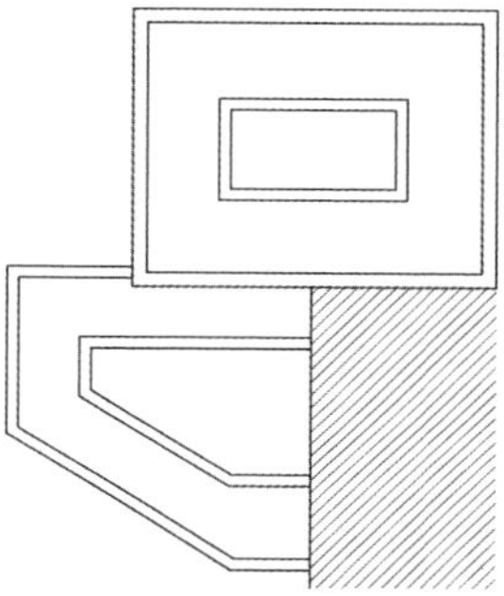　　　　　　　　　　屋顶平面图

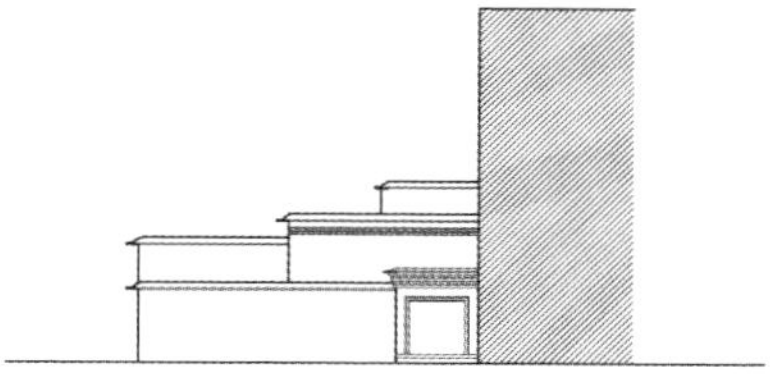

南立面图

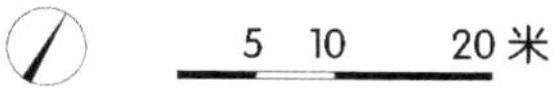

5　10　　20 米

建筑名称	宗嘎吉康和章仓	建筑年代	17世纪	
建筑面积（平方米）	1 993.1	经堂	有	

位于卓卡夏东侧，是一座土坯房三层楼，初建于第四世班禅时期，归属于托桑林扎仓。章仓是一座四层土坯楼，在过去是一座小官府

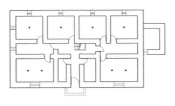

一层平面图

二层平面图

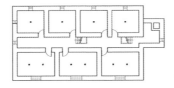

三层平面图

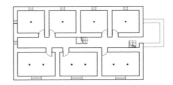

四层平面图

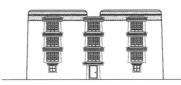

南立面图

5　10　20 米

建筑名称	宗琼	建筑年代	17 世纪
建筑面积（平方米）	277.2	经堂	无

　　位于寺庙东区章仓小楼东面，对面为桑珠甘丹，是一座土坯房三层小楼，无院子，原是归属于宗嘎米村的公房

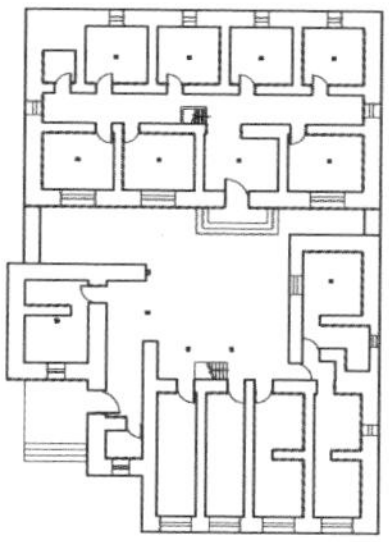

一层平面图 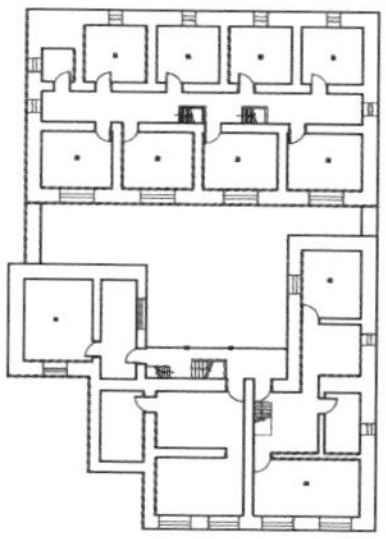　　　　　　　　二层平面图

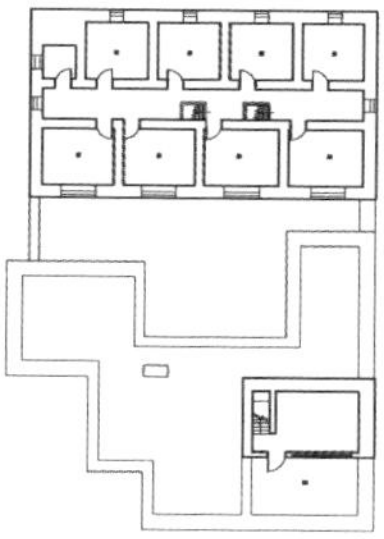

三层平面图 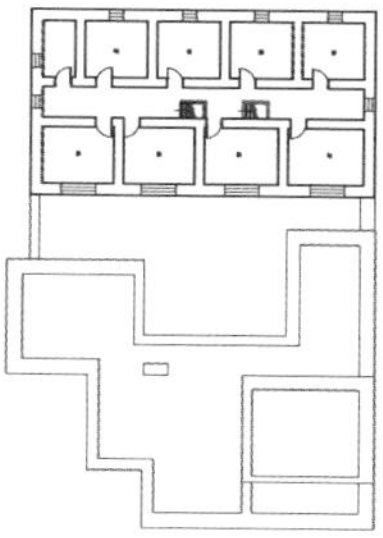　　　　　　　　四层平面图

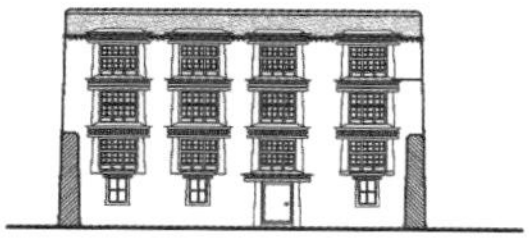

南立面图　　　　　　5　10　　20 米

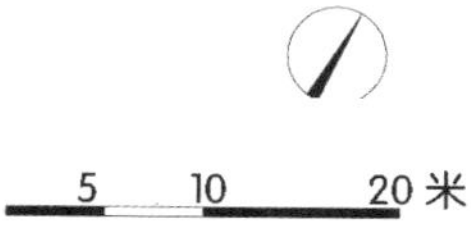

建筑名称	夏孜强巴	建筑年代	15世纪
建筑面积（平方米）	1 054	经堂	无

位于羌色康北面，是一座四层高而无院子的独楼，主体夯土墙，寺内最早的建筑之一，初建于第一世达赖喇嘛根敦珠巴时期，归属于夏孜扎仓

一层平面图

二层平面图

三层平面图

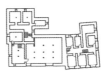

四层平面图

五层平面图

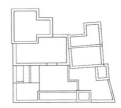

屋顶平面图

南立面图

5   10   20米

建筑名称	卓卡夏	建筑年代	17 世纪	
建筑面积（平方米）	1 170	经堂	无	

位于寺庙集会大殿东面，是一座依山而建的古建筑，背面主楼为四层，夯土墙，前面建筑土坯房三层，其中底层下沉而变成地下室

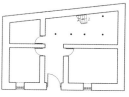

一层平面图

二层平面图

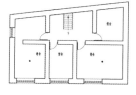

三层平面图

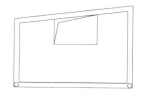

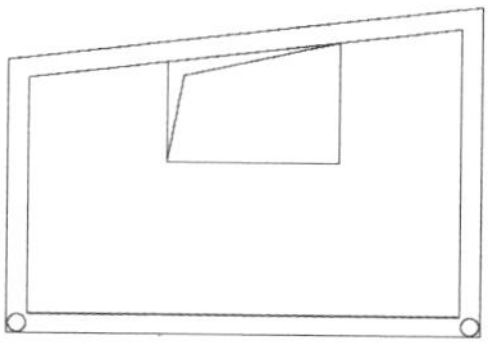

屋顶平面图

南立面图

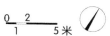

图书在版编目（CIP）数据

日喀则城市与建筑 / 焦自云等著 . -- 南京：东南
大学出版社，2017.5
（喜马拉雅城市与建筑文化遗产丛书 / 汪永平主编）
ISBN 978-7-5641-6974-9

Ⅰ . ①日… Ⅱ . ①焦… Ⅲ . ①古建筑–建筑艺术–日
喀则 Ⅳ . ① TU-092.975.4

中国版本图书馆 CIP 数据核字（2017）第 006777 号

书　　　名：日喀则城市与建筑
责任编辑：戴　丽　魏晓平
装帧方案：王少陵
责任印制：周荣虎
出版发行：东南大学出版社
社　　　址：南京市四牌楼 2 号
邮　　　编：210096
出 版 人：江建中
网　　　址：http://www.seupress.com
电子邮箱：press@seupress.com
印　　　刷：深圳市精彩印联合印务有限公司
经　　　销：全国各地新华书店
开　　　本：700mm×1000mm　　1/16
印　　　张：14
字　　　数：241 千字
版　　　次：2017 年 5 月第 1 版
印　　　次：2017 年 9 月第 2 次印刷
书　　　号：ISBN 978-7-5641-6974-9
定　　　价：89.00 元

若有印装质量问题，请与营销部联系。电话：025-83791830